U0183342

国家出版基金项目
NATIONAL PUBLICATION FOUNDATION

"十四五"国家重点出版规划

非典型美学译丛

周宪
顾爱彬

主编

The

Aesthetics of

Wine

葡萄酒的美学

［英］道格拉斯·伯纳姆（Douglas Burnham）
［挪威］奥利·马丁·什莱索（Ole Martin Skilleås） / 著

吴娟 王凤霞 胡仇簪 沈依霖 / 译

SPM 南方传媒 花城出版社
中国·广州

图书在版编目（ＣＩＰ）数据

葡萄酒的美学 ／（英）道格拉斯·伯纳姆，（挪威）奥利·马丁·什莱索著；吴娟等译. -- 广州：花城出版社，2024.4

（非典型美学译丛 ／ 周宪，顾爱彬主编）

ISBN 978-7-5360-8923-5

Ⅰ. ①葡… Ⅱ. ①道… ②奥… ③吴… Ⅲ. ①葡萄酒—品鉴 Ⅳ. ①TS262.61

中国国家版本馆CIP数据核字(2023)第154121号

The Aesthetics of Wine /by Kristine H. Harper

ISBN: 9781444337662

Copyright © 2012 John Wiley & Sons, Inc

出 版 人：张 懿
统筹编辑：李 卉
责任编辑：刘玮婷 蔡 宇
特约编辑：廖顺瑜
责任校对：卢凯婷
技术编辑：林佳莹
封面设计：水玉银文化

书 名 葡萄酒的美学
PUTAOJIU DE MEIXUE

出版发行 花城出版社
（广州市环市东路水荫路 11 号）

经 销 全国新华书店

印 刷 佛山市浩文彩色印刷有限公司
（广东省佛山市南海区狮山科技工业园 A 区）

开 本 880 毫米 ×1230 毫米 32 开

印 张 14.25 1 插页

字 数 206,000 字

版 次 2024 年 4 月第 1 版 2024 年 4 月第 1 次印刷

定 价 68.00 元

如发现印装质量问题，请直接与印刷厂联系调换。

购书热线：020-37604658 37602954

花城出版社网站：http://www.fcph.com.cn

总　序

周　宪

　　在21世纪热门的各类学问中，美学无疑是备受关注的知识领域。美学之所以为人所追捧，并不是因为它是高深的学问，而是因为它不断地改变着人们的思维方式、情感方式和行为方式。一方面，美学一改曾经高冷矜持的做派，走出了艰深莫测的哲学思辨之藩篱，以一种前所未有的亲近感走近黎民百姓；另一方面，随着社会的现代化，尤其是物质生活水平提升，有品位的生活已成为人们的普遍追求。人们越来越敏锐地感到，美学离我们并不遥远，它就在我们身边。

　　从带有精英主义和高雅文化特质的经典美学，向大

2

众日常生活的转变，是当代美学最为显著的趋势之一。如今，谈论美学已不是哲学家和美学家的特权，美学话语俨然已是日常讨论的丰富谈资，正像"人人都是艺术家"或"人人都是设计师"这样流行的说法一样，"人人都是美学家"正在变为现实。

显而易见，不断变化着的当代社会现实，在不断重塑着美学的面貌。来自不同领域的人文学者和思想家们不但喜好谈论美学，也引入了许多不曾有过的美学主题和观念，于是美学悄然发生了深刻的变化。从经典美学的视角来看，当下很多标榜为"美学"的著述，其实并不是典型的美学话语或美学主题，要找一个概念来概括这些变化，恐怕没什么比"非典型美学"更恰当了。

在我看来，"非典型美学"是一个开放性的新知领域，跨学科、跨领域、跨边界和跨媒介当是它的典型特征。换言之，"非典型美学"不再围绕一个"美"字做文章，也不再限于"美的艺术"，而是无所不及，无所不谈。由此来看，"非典型美学"与其说是一种规范的、严格的学术话语，不如说更像是一种思维方式和观察角度。所以，"非典型美学"充满了"无限活力"和

"勃勃雄心"，或许我们还可以用另一种说法来加以概括，那就是"泛美学"（panaesthetics）。

在今天这个充满变化的时代，我们不但需要以变化的眼光来看世界，也需要以新的视角来认识美学。古训云："生生之谓易。""易"者，变也，美学要在不断变化的世界里富有生机活力，可持续地变易乃是其生存之道。正是基于这一认知，我们策划了"非典型美学译丛"，诚邀热爱美学的各路方家，译介国外学术精品，重塑中国当代美学的地形图。

感谢花城出版社接纳了这个创意并给予大力支持，也感谢项目团队的有效工作。期待"非典型美学译丛"越做越火，开创出当代美学的一片新天地！

是为序。

献给埃莉诺和凯瑟琳

——道格拉斯·伯纳姆

献给我的孩子们：斯韦恩·奥斯卡和阿格尼丝

——奥利·马丁·什莱索

目　录

致　谢

当我们告诉人们我们正在写一本关于葡萄酒美学的书后，通常会引起人们好奇的微笑、扬起的眉毛，以及对酒精的调侃。正因如此，我们特别感谢那些认真对待我们并为我们开展工作提供资源的人。巴黎的法国–挪威社会和人类科学中心资助了来自挪威、法国和英国的研究人员的两次研讨会，并为第三次研讨会提供了房间。卑尔根大学人文学院在挪威研究委员会的间接帮助下，资助了在卑尔根举行的一次会议和研讨会。在这些活动中，我们从参与者那里学到了很多东西，参与者多得数不胜数。然而，我们要特别感谢奥菲利亚·德罗伊

（Ophelia Deroy）、巴里·史密斯（Barry C. Smith）和多米尼克·瓦伦丁（Dominique Valentin）对我们的工作提出的中肯而富有成效的批评，以及我们从他们身上学到的一切。我们也想相互致谢。写这本书是一种乐趣，其结果比我们任何一个人靠自己的力量所能达到的都要好。我们都或多或少地参与了所有章节和所有分析，但总的来说，我们的贡献肯定是不相上下的。

卑尔根大学哲学系也为我们提供了资金，让我们在这本书进展的关键时刻见面、写作和讨论这本书。

我们要感谢卑尔根大学、邓迪大学、曼彻斯特城市大学、奥斯陆大学、南安普敦大学、斯塔福德郡大学和华威大学的观众，感谢他们的真知灼见和贡献。感谢如下会议上的观众：在波洛恩佐（Pollenzo）举行的第三届国际葡萄酒哲学会议（2008年），在牛津举行的英国美学学会年会（2008年），在拉赫蒂（Lahti）举行的北欧美学学会年会（2010年），以及在巴黎举行的葡萄酒和专业知识会议（2011年）。

贡纳·卡尔森（Gunnar Karlsen）阅读了第二章和第三章的草稿，我们感谢他的评论和批评。

感谢挪威葡萄酒专卖公司的特别顾问裴·麦格莱（Per Mæleng），他让我们引用了他与欧勒·马丁·斯盖里斯（Ole Martin Skilleås）为《葡萄酒论坛》（Vinforum）撰写的两篇文章，感谢编辑阿耐·罗纳德（Arne Ronold），他是葡萄酒大师，他让我们引用了这些文章，以及欧勒·马丁·斯盖里斯为杂志撰写的几篇文章。它们是用挪威语写的，但是我们在《美酒世界》（The World of Fine Wine）上发表的两篇文章是用英语写的。我们非常感谢编辑尼尔·贝克特（Neil Beckett）让我们使用这两篇文章——《作为审美对象的葡萄酒》和《葡萄酒2030——未来的完美？》这些文章的部分内容已经呈现在本书第二章和第三章中。

道格拉斯·伯纳姆（Douglas Burnham）：我要感谢斯塔福德郡大学的学生和同事们，他们大力支持，乃至让我放手做实验。我要特别感谢我的密友大卫·韦伯（David Webb），助我以充沛的时间和精力投入研究，还要感谢我的妻子和女儿无尽的耐心。

欧勒·马丁·斯盖里斯：我要感谢卑尔根葡萄协会（Vitis Bergensis）的会员，在这里我学到了很多关于葡萄酒的知识。成员数不胜数，但有三名成员特别值得一提——奥拉夫·勒尼德·汉森、奥德·赫尔莫德·里德兰德和约斯坦·阿尔梅。在奥斯陆，裴·麦格莱慷慨地与我和这里提到的人分享了葡萄酒知识和经验，其他许多人也分享了自家酒窖里的葡萄酒。他们是慷慨的化身——也是我们谈论葡萄酒鉴赏中引导感知的价值和重要性的典范。我的妻子和孩子全程始终如一地支持这本书的写作，堪称耐心与理解的典范。

引言

　　我们不妨开诚布公，直奔主题。本书旨在论证葡萄酒作为真实审美体验对象之议题，追溯其渊源，并阐释其内涵。这些内涵有的与更普遍意义上的哲学审美有关，有的则只与葡萄酒的世界相关。以往论及该议题时我们所遭遇的反应通常都是揶揄嘲笑，要不就是一脸困惑，不知所措。依据相袭已久的美学传统，酒类作为审美对象被理所当然地排除在外，故而以上诸如此类的反应似也顺理成章，尽在情理之中了。鉴于该议题稍加触及便会招致反对的声音，我们不妨先言简意赅地厘清与之相关的一系列常见问题。

"葡萄酒是一种酒精饮料。你真的认为人可以审慎判断一种会让你失去判断力的东西吗？"假如你摄入过量的话，事实的确如此。对于那些专业品酒师和认真的业余爱好者来说，这正是他们通常不会一饮而尽，而是将所品尝的葡萄酒吐出的原因。品酒师恰似《会饮篇》中的苏格拉底：他沉着低调地加入宴饮，在遍尝各色佳酿之际，热情洋溢地赞颂爱与美，离去时与来时一般持重清醒。然而，完全的清醒状态也未必是饮酒之道的最佳境界。总的来说，我们赞成罗杰·斯克鲁顿（Roger Scruton）的观点，他以雄辩而富有说服力的方式大力倡导饮酒中的微醺之道，以及饮酒为社交生活所带来的益处。[1]尽管我们认可社交中微醺之道的魅力所在，但并不打算将其作为本书的主题来论述。

"本人确实喜爱葡萄酒，但我并不用和爱艺术一样的方式爱葡萄酒。"这其中涉及两个话题。第一，我们承认葡萄酒并非艺术。但是，许多非艺术品的物件却也可以成为审美的对象：比如，一张人脸，一场足球赛，一条山间峡谷。葡萄酒品鉴的个中之道与此十分类似。人们宣称葡萄酒不是艺术，也意味着酿酒之人并非艺术家，葡萄酒是经由技艺高超的匠人与自然和传统协同合作而酿就的。同时，这也意味着葡萄酒不包含评论家需要解读的意义或话语内容。第二，这种不同与喜好有关。葡萄酒（至少是一部分葡萄酒）可以提供的感官享受，这与审美鉴赏是不同的。审美鉴赏（在这里我们遵循康德著名的分析[2]）是无私的、对他人规范的，并且是可传播的。我们认为，这些适用于其他审美实践活动的特质同样也适用于葡萄酒品鉴。

"葡萄酒品鉴即为财富，阶层的势利征象。" 葡萄酒在公众想象中与社会阶层关联甚密。这种想法情有可原，却未免有些过时。时至今日，葡萄酒与社会经济阶层的关联固然清晰可见：耗资不菲的葡萄酒品鉴造就了各种壁垒。精品葡萄酒的酿就须用沃土低产的葡萄及人工采摘（这比机器采摘要昂贵得多），因此造价高昂。除此之外，果园及酒窖的精心维护亦必不可少。

然而，事情并不完全如此。过去的几十年见证了葡萄酒品鉴与消费扩展到了新的国家和社会阶层。这一曾为上流阶层专属的身份标志正被普通大众共同享有——至少在富裕国家是如此。在一些人口密度较高的国家，如中国和印度，随着生活水平的迅速提高，人们对于葡萄酒的消费和兴趣也日渐高涨。随着消费增长，人们对于葡萄酒的认知需求亦与日俱增。相比几十年前，葡萄酒知识正日渐为大众共享——或者说，"正由更多阶层的公众所共同拥有"。各种葡萄酒品鉴群体甚至相关大学课程如雨后春笋般层出不穷地浮现，且大多无需会费（通常仅需一些相当适度的开销）。同时，评鉴葡萄酒的经济壁垒甚至也有所降低。这归因于葡萄酒的广泛流传、酿酒技术和效率的提高，以及日趋激烈的全球竞争。只需消费比一个美好夜晚稍多的费用，你就可以在附近的便利店里买到主要产区或是不同品种葡萄的好葡萄酒。不同于以往，作为日常可支配收入的一部分，一瓶上档次的葡萄酒不仅价格亲民，而且随处可以买到。当然，由于低产出和高需求，那些最高档次的葡萄酒依然可望而不可即。而这些葡萄酒往往被买来收藏而不是消费。如上所述，葡萄酒品鉴已日趋大众化、平民化，因此当然会广受欢迎。[3]

然而，我们也不应忽略葡萄酒品鉴趋于平民化的另一个重要因素。即便是最高级别的葡萄酒专业知识也只需要普通的感官能力——这一点我们将在第二章和第五章展开论述，而认知能力方面的要求亦与此相仿，即具备普通认知程度就能轻松达到从业要求。除了财力及由此带来的机会，在这个领域从业所需的审美能力只需足够敬业即可。相比于经济方面的因素，这一事实甚至更能使人理解"葡萄酒是势利征象或身份标志"的想法完全是一种误读。

让我们研究一个极端的假设，即所有葡萄酒鉴赏的实例都是为了服务于社会认同（我属于这里）或排斥（但你不属于这里）项目而创建的妄想行为。[4]在这种假设中葡萄酒鉴赏家声称自己拥有实际上没有人具备的能力。品酒就像是秘密社团的仪式，看似具有某种模糊的魔力，但实际上只是用来区分"局内人"和"局外人"。事实上，与这种妄想的实践不同，审美欣赏依赖潜在的知识和技能，这些知识和技能可以超越社会界限进行传播，并赋予各种实践目的。而且，品酒的"仪式"并不是一个独立的东西，而是一个*判断*的问题。例如，该判断可以是关于葡萄酒的美学优点或缺陷的报告。这些判断是可以比较和争论的。事实上，这种比较和辩论显然是审美实践的一部分。横向（世界各地的专家和批评家之间）和纵向（一段时间内）的主体间一致程度则强烈表明这些判断具有"实质"。简而言之，如果葡萄酒品鉴是一种社会错觉实践，那么它总会以各种令人无法预料的方式脱离人们的期望。在本书第四章，我们将展开论述，阐明葡萄酒品鉴如同其他领域的美学体验，在尽显亲民本色的同时，也对品酒师的专业素质要求甚高。

　　"我是否喜爱葡萄酒完全是个人主观意愿。" 如上所述，我们区分了感官喜爱与审美鉴赏。前者在我遇到中意之选时便随之产生了，至于别人喜欢与否无关紧要。比如我偏爱蓝色，你中意红色，那么，这就是讨论的结果了。从这个角度来说感官喜爱是"主观的"。当然，如果我在普罗旺斯长大，我很可能会比一个芝加哥人更偏爱凤尾鱼。但这只能解释我的个人偏好，却不是别人也同样喜欢的原因。而在审美评价时，我的结论是规范性的。如果其他人判断正确的话，他们理应赞同我的鉴赏评价。与此相关的是，我的判断是可以传达的：我至少可以在某种程度上向他人证明它们的合理性，并通过对话和辩论寻求说服他人（或者让我自己确信自己的错误）。确实很难解释这个过程究竟是如何发生的，不过不只在葡萄酒鉴赏界，而且在诸多美学领域皆是如此。葡萄酒品鉴被认定偏主观色彩可能另有原因，因其须动用味觉和嗅觉。这两种感觉较之于视觉和听觉更加私密化，因为味道气味并非属于公众区域，而与个体本身关联密切。由于味觉和嗅觉可经由不同的主体来辨别或重新辨别，意味着"我们都品味了同样的葡萄酒"这种说法站不住脚。我们将在第二章和第三章中详细介绍嗅觉和味觉科学。

　　"为什么是葡萄酒，不是茶？也不是咖啡、威士忌、辣沙司（hot salsa）、樱桃派……" 原则上说，这些东西没有理由不能成为真实的审美体验对象。但在实践中，这是有原因的。葡萄酒是一种极其复杂的东西，具有数百种可识别的芳香成分，[5]所有成分的强度和关系各不相同，并且有数千种风格、品种、年份、地区或特性。葡萄酒不仅会随着年份增加而发生变化，还会变得更加成熟、变得更加复杂，甚至在与杯中或口中的空气发生反应时也会不断发生变化。所有这些东西无论是在科学上还是在用于描述和分类葡萄酒的语言和概念方面都相当容易理解。这种复杂性，以及它在体验中体现出来且具有可传播性的事实，使得葡萄酒不同于其他大多数食品和饮料。葡萄酒品鉴有着相当悠久的传统，其操作流程和专用术语已发展成熟。在这方面审美体验可谓大有可为。因此，当我们相信葡萄酒比其他诸多食物饮品（或香水）更具作为审美鉴赏对象的天然资质时，别忘了真正起作用的是语境（context）。[6]事实上，在本书的结尾部分，我们将整个理论见解命名为"语境美学（contextual aesthetics）"。

"相比于肖斯塔科维奇（Shostakovich）的交响曲或者毕加索的画作，葡萄酒是否微不足道？"然而，我们究竟如何定义"微不足道"呢？如果是指缺乏理论、象征或叙事方面的实质内容，答案是肯定的。如上所述，我们不会说葡萄酒是由艺术家来定义其内涵的艺术。但如果这里的微不足道是指对于文化和人的潜能无足轻重，无法将人们凝聚成一体，无法激发更高的认知力，与世间美好格格不入，或者无法向人们揭示世界的奥秘，那么我们将据理力争。这些诽谤并不正确。

鉴于有如此多的误解需要克服，我们需要用本书的相当篇幅来证明，即便是我们刚才所说的有关葡萄酒的好话也是合理的。另外，创作交响乐或小说并不是传达情感、斗争、和平、友谊或其他什么的唯一方式——我们还可以通过历史学、社会学、政治学或哲学来做到这一点。然而，葡萄酒主要是——但不仅是——近端感官（proximal senses）味觉和嗅觉的对象，我们认为，在西方文化中，这些感官被不公正地忽视甚至遗忘。葡萄酒鉴赏让我们的动物性和理性本性的融合得以实现，从而使两者受益："身体感官（bodily senses）"、反思、整合和记忆共同作用，以理解带有土地、气候、历史和文化感官印记的液体。葡萄酒品鉴的意义部分在于它以一种不可替代的方式引导我们认识和丰富自身潜能，并且以一种其他方式无法做到的方式做到了这一点，从这个角度而言，葡萄酒相比艺术并不"微不足道"。

接下来我们将简略勾勒出本书是如何回应上述难题及一些尚未提及的问题，虽然有时采用了间接方式。第一章提出了本书中所使用的解析葡萄酒品鉴的关键概念。例如，我们首先考虑一些围绕葡萄酒品鉴及交流所要求的各种"能力（competencies）"。我们在这里还首次提出了一个意义深远的问题：哲学美学的许多传统都系统地声称葡萄酒不能成为审美欣赏的对象——说起来，康德仅仅是尤其赞同这种观点。[7]如果我们能成功展示葡萄酒乃是一种可能的审美对象，那么这将促使一些根深蒂固的美学观念发生转变。第二章探讨嗅觉与味觉及科学实验结果所提出的相关问题。它以一个思想实验作为结论，表明葡萄酒因语境因素而备受推崇，即超出了它的化学成分及这种化学成分在我身上引发体验的能力。这也表明，完美作为一种审美理想并不像人们想象的那么有吸引力。第三章研究了葡萄酒鉴赏中涉及的认知过程，最后对基本的体验结构进行了持续的现象学描述。本章还讨论了"盲品"，以及该方式在何种程度上成为多数葡萄酒品鉴的常态化操作。在这里，我们也开始详细探讨"审美属性（aesthetic attributes）"的议题，比如"和谐（harmony）""均衡（balance）""复杂性（complexity）"或"细腻（finesse）"。这些美学术语常见诸众多美学领域：音乐、视觉艺术，甚至是文学。传统美学将这些属性称为"形式"。然而，囿于视觉或听觉的偏见，美学常常认为形式仅指某种已经存在的东西：比如画作中的线条或形体排列或乐曲中的音符组合。如此一来形式就被认为与个人亲身体验与文化语境脱离，成为等待诠释的被动存在。但在这里我们发现，上述事物的美学特质是依据熟稔的专门技能，遵循严格的训练，参照比对相袭已久的文化风俗，再运用认识建构与想象造就而成的。

第四章调查了近期哲学美学领域的关键时刻，以了解品酒流程中审美属性的出现，以及这些属性如何与品鉴的语境因素相关联。具体而言，我们展示了一种我们称之为审美能力的"诀窍（know-how）"的必要性。第五章探讨了成为葡萄酒专家意味着什么，以及这种专业知识如何发挥作用。本章包含我们对葡萄酒鉴赏整体运转至关重要的"信誉（trust）"和"校准（calibration）"展开的持续讨论。许多哲学家都认为，在审美品鉴中知识和经验相当重要。在第三章到第五章中，我们将展示知识和经验是如何重要的。同样，在第五章我们发现了美学领域的相互关联性，或者它们的规范力量可能以何种方式跨学科。第六章集中了本书中的诸议题，以期形成一个关于葡萄酒品鉴的整体的、阐释性的理论建构。这也表明对葡萄酒审美欣赏的可能性的几个关键"偏见（prejudices）"是如何在更深的哲学层面上与对体验主体的本质、主体之间的关系，以及主体与更广泛的文化和历史的关系的相对贫乏的描述联系在一起。接下来第六章将根据我们认为的当今葡萄酒世界的两大关键问题来"测试（text）"这一理论：食物与葡萄酒的关系及风土特色的概念。具体来说，就后者而言，我们相信我们已经展示了如何将风土视为葡萄酒鉴赏的"统一理论"。了解葡萄酒如何成为审美对象，可以更广泛地揭示鉴赏所涉及的内容，并且展示人类能力、自然所提供的东西，以及鉴赏如何形成我们与自然的互动之间的相互关系。

注释

1 Scruton（2007）. Todd（2010）：179 agrees.
2 Kant（1987）：43–96, sections 1–22.
3 这种发展的负面影响也很明显：工业化、全球分销和营销、集团所有制、全球统一趋势及葡萄酒生产与地区和传统的依附。除了最后两个（我们将在第五章和第六章中讨论）之外，本书不探讨这些负面因素。

4 有时，皮埃尔·布尔迪厄（Pierre Bourdieu）的作品会以这种相当激进的方式被解读。见 Bourdieu（1984）。

5 我们认识到茶和咖啡还含有数百种芳香化合物。

6 鉴于饮茶的历史及其在远东地区巨大的文化重要性，我们怀疑对于那些属于那种语境的人来说，茶鉴赏可能是一个候选者，就像我们属于葡萄酒的语境一样。

7 Kant（1987）：55，section 7.

第一章 基本概念

前言

在本书的引言部分，我们触及了一些常见的围绕葡萄酒品鉴的争论。本章将引入一些定义品酒方式的关键概念。我们将在整本书中使用这些概念，以便探讨这些争论及在此过程中出现的许多其他争论。本章将引入这些概念，并陈述我们阐释其重要性之缘由。虽然上述目标到本章结束时似乎看起来有些粗略，但是这些概念还将在接下来的章节中得到进一步探讨和阐发。

大卫 · 休谟（David Hume）在其彪炳史册的美学

名篇中，曾论及《堂吉诃德》中的一个品酒桥段。[1]在《论品味的标准》一文中，休谟力图佐证"品味标准"的真实存在，其中"品味"意味着超越个人喜好的鉴赏艺术文学的能力。换言之，休谟认为在主观主义的表象之下，确乎存在一种被称为"品味"的智性活动，此外，休谟还推演出了这种活动的可能性，精心分析了"品味"这种智性活动是如何运作的。休谟的文章给了我们一个很好的立足点，因为接下来我们将做同样的事，只是我们谈论的并非艺术与文学，而是葡萄酒。

在文中谈及《堂吉诃德》时，休谟尝试指出"细微感受的辨识能力"对确定个人趣味高下优劣起着至关重要的作用。理想的批评家须能明察秋毫，敏锐辨识与比较。而这种禀赋与能力的匮乏导致出现了美感体验的歧见丛生和主观臆断。由于我们将就文中细节展开叙述，这里请允许我们引用原文：

显然，很多人无法体会美感的原因之一便是他们缺乏细微感受的辨识能力，而这正是传递美感体验的必要前提。这种精妙的爱美之心人人假装有之，议而论之，以至于不惜削足适履迎合这种趣味标准。鉴于本文立足理性与感性的交融之上，故而有必要针对这种细微感受力给出一种比以往更确切的定义。为避免言之无据，我们就从《堂吉诃德》中一个著名桥段谈起。

桑丘对长着大鼻子的乡绅说，我自诩精于品酒有充分理由。此乃家传。我的两个亲戚曾被叫去品鉴一桶上好的陈年佳酿。其中一人经品味并深思熟虑后宣称，若非酒中有点皮革的味道，酒还是不错的。另一个用同样审慎的语气肯定酒的品质后，觉察出酒中明显的铁味。你难以想象他俩为此遭到怎样的讥笑。但谁笑到了最后？清空后的酒桶底部躺着一把拴皮带的钥匙。2

这一例证似乎指向详述品酒的荒唐性，就像那些陈述是真的似的。"但谁笑到了最后"反转了这一例证。先前看似肆意散漫的品酒言说到头来证实为一语中的，分毫不差。当然，休谟并未将品酒与文学艺术鉴赏相提并论。抑或，他未曾设想过做这种类比，而只是借用塞万提斯的故事来印证关于"细微感受"之说。然而，事实远非那么简单。

这里请留意虽然两位行家对于酒中异乎寻常的味道见解不一，而对于酒的优秀品质却是一致推崇的。因此，貌似迥异的品位其实根植于类似审美共识的某种框架之中。这里品味酒之口味（铁或皮革）与评估酒的品质（那些决定其为上品佳酿的因素）之间的差异显现无遗。我们对于这种差异的重要性深信不疑。这里我们称酒的诸种性状为其特性（property），而该特性的审美属性不只限于对于诸如酒的口味或气味等元素的呈现。[3] 而今品酒师使用的诸如"技巧""复杂性""和谐"这样的辞藻正是基于这样的思维方式。而这些评估性话语仿佛等同于酒的特质，就像酒中的糖含量或桑丘故事中皮革的味道，然而那些特质是什么，或者归属何在，并不十分清晰。这是因为酒品质的优劣，并非铁器或皮革那样可以直接揭示，至少不会像你搜遍酒桶后像那把拴皮带的钥匙般一览无余。[4] 而其中蕴含的审美属性是什么，以及如何产生的，正是本书所要探寻的主要议题。

还请注意铁和皮革都被认为是酒品质的瑕疵，否则酒本身品质上乘。所以，事实上，这个问题不止涉及桑丘的亲戚在品酒或闻酒时所表现出的显而易见的细微感受力。从某种程度而言，他们二位算得行家里手，对于葡萄酒可能拥有的风味，以及一款葡萄酒何以成或不成佳酿的方式可谓了如指掌。这些知识及将其运用到品酒实践中的能力使得他们能够有底气就酒中铁器或皮革问题拥有发言权。桑丘的亲属拥有我们称之为品酒的能力，这也是为什么他们被首先选中评估葡萄酒。在《堂吉诃德》中，桑乔用这个故事来力证他识别葡萄酒原产地的能力，似乎这些能力就像眼睛的颜色一样可以遗传。然而，葡萄品种的相关知识、酒产地或风味肯定并未编码在你的基因中，品酒的经验同样如此。这种能力只能源于知识和某种形式的训练。[5]

此外，我们有必要将休谟的复述与塞万提斯的原作相互参照。在五个细节之处，休谟的版本有所不同。第一，休谟的版本让两个品酒师遵循"相同的准备步骤"。也就是说，他们经历了同样的品鉴程序。但根据桑丘所说，一个只尝了尝酒，而另一个只闻了闻。第二，休谟的版本似乎暗示酒桶被清空后，品酒者发现钥匙和皮带便被证明有理了。桑丘却坚持认为这发生在很久以后，在酒桶被出售，众人喝醉了，打扫干净之后。第三，桑丘的版本中没有旁观者的嬉笑奚落。唯一的冲突产生于坚称桶里不含杂质的酒桶主人与品酒者之间。第四，根据休谟故事版本，因为两个品酒者遵循相同的程序，所以，两位品酒者彼此揶揄，相互嘲讽。而这与《堂吉诃德》所讲述的故事有所不同：没错，两位品酒者与酒的主人意见相左。第五，这两个版本的终极分歧在于休谟省略了小说中这段插曲的来龙去脉。这个故事由桑丘在深夜吃喝时告诉了"大鼻子乡绅"。桑丘与他的那两位亲戚不同，后者纯粹为鉴赏而品酒（只舌尖轻尝或嗅闻），而桑丘可不只是为了品鉴而饮酒，他喝酒是为了解渴（这段插曲就此开启），喝得酩酊大醉（醉得嘴里含着食物睡着了），其间断断续续与乡绅攀谈。在此过程中，他确也对该酒做了一番评说（带点酒后真言的喜剧色彩："啊，混账流氓，这味儿绝对正宗！"[6]），并且还精准地辨识出其来自"雷阿尔城"。

现在，我们并非想以文学的方式细读塞万提斯和休谟，我们也没有指责休谟将故事改成他所用版本的意思——毕竟，这首先是一个虚构的故事。只是这些不同点恰好突出了我们认为很重要的另外三个想法。

第一，品尝的程序至关重要，包括品酒者事先知道并带入品尝中的知识，他们做什么（品尝或嗅闻，然后斟酌），以及他们对彼此和对第三方所说的话。塞万提斯故事中的两个品酒者各自表演了品酒实践的一部分。品鉴葡萄酒并不止于个人的即时感觉。我们称这组不同的过程为"审美实践"，并且我们认为实施这种实践需要某些能力〔例如，休谟所说的"微妙（delicacy）"〕。当然，正如桑丘所认定的那样，这种"微妙"的生理机制或与遗传因素相关。然而，我们接下来将论证生理机制并不如文化能力及经验和训练累积来的实践重要。

第二，尽管他们描述各异，尽管当时谜题尚未破解，这两位品酒者的争论并非毫无结果。他们显然彼此理解，接受对方的方式论与表述的长处，就好葡萄酒的品质（它们从来不能被简单地"揭秘"）达成共识，并表明他们的分歧是基于相关程序和评估的基本共识。这里批评家独立性的道德规范得以凸显，这一事实反映在桑丘的版本中，即品酒者不为主人的抗议所动，即便后者也是他们品酒的雇主。然而，我们这里要讲的是这些判断所可能取得的有效性程度。我们同意休谟的观点，即这种有效性不能被称为"主观的"，因为"主观"即意味着除了对于确立这种有效性的个人之外，对其他人不具有效性。但正因其有效性不能被简单地（至少在理想情况下）通过检查桶中之物来确认，我们亦不能将其视为普通意义上的"客观"。由此既有的主/客观相对模式便有第三种可能。我们将这种对于品酒者自身和他人的判断有效性，称之为主体间性（inter-subjective）。这些判断对于一群能力经验对等的品酒者而言才具备有效性。有些作者，如巴里·史密斯和凯恩·托德（Cain Todd）[7]认为，鉴于通常伴随着主客观区分的形而上学包袱，情况的复杂性令人难以捉摸。然而，他们仍然坚持"客观"这一说法。我们认为有必要使用一个新的术语，以便让人们关注品酒的社会和文化方面，以及"新兴的（emergent）"[8]审美属性。除此之外，还有能力的至关重要性。在接下来及其后的章节中，我们当然会进一步阐述这一点。

　　第三，从桑丘对酒所进行的繁复操作与其亲属们纯粹的品鉴行为中，我们注意到一个显见的事实：酒可以用来做很多事。人们可以识别、描述或评估它，也可聚会助兴小酌，还可作为谈资炫耀（就像乡绅对桑丘），或开怀畅饮，一醉方休。以亚里士多德式的思维而言，每项事务均有意向明确的专属活动，这些事业中的每一项都有一组通常属于它的从属活动，每一项都有一个结果或者目的。让我们将这些活动、开展这些活动所需的能力及人们所设想的目标一起称为项目（project）。人们关于酒的所思所言显然有赖于此，我们认定美学品鉴就是一种别具一格的项目。

我们针对塞万提斯的故事和休谟对其运用的讨论提出了五个基本概念：能力、审美实践、主体间有效性、项目和审美属性。本章的目的是针对其中的前四个进行初步或临时的讨论。审美属性在接下来的能力一节中有所提及，而该议题的全面展开则将在第二章，以及特别是第三章中进行。尽管我们将主要关注探索品酒的本质，但始终不要忘了一个更广泛的论题：这样的品酒在本质上是美的，如同我们对艺术的欣赏，因而我们对于品酒的结论在普遍意义上对于哲学化的审美具有重要的意义。

能力

能力[9]是我们用来描述品鉴葡萄酒相关的知识与经验的术语。能力包括几个方面。首先，它涉及了本质上的一般概念性的东西（有人称之为"书本学习"），或者至少是概念化的。让我们称它为文化能力（cultural competency）。例如，它会包含或多或少标准化的形式与描述的类型模式。葡萄酒的种类与风味的专门知识很容易被认作是这种概念化能力的一部分。例如，这种能力包括对风味各异的葡萄酒的理想品质了如指掌——比如年份很新的摩泽尔雷司令葡萄酒，以及年份（vintage）、陈酿（ageing）与醒酒（decanting）等的影响作用。在其他美学领域，这样的知识对于精准品鉴乃是无条件的标配。比如，如果不熟悉图像学，那么我对一幅中世纪的壁画的评估将流于幼稚肤浅，由此我们也认为文化能力对于葡萄酒鉴赏同样至关重要。

然而，假如缺乏实践技能，仅有书本知识也是远远不够的。第二种能力称为实践能力（practical competency），这是一种检测和辨别品酒相关元素的成熟技能，并且由此调动第一种能力的概念化知识。[10]这是否不仅意味着对气味或滋味的特别敏感性？如果确实仅仅如此，那么它是一种身体能力（可继承，对此桑丘显然坚信不疑），而并非经由经验历练所得。在第二章中我们将回到这个主题。尽管科学证据表明嗅觉和味觉的生理机制因人而异，但未显示品酒专家在这些方面有异乎寻常的能力。故而，品酒的能力并非只是感官上的敏感，而感官能力的养成对于品酒师来说才是重要的，正如乐感及其养成之于乐评家或欣赏者那样至关重要。

此外，实践能力包括积攒而来的与其他审美上被接受的同类参照对比的体验。只有熟悉抽象色彩风格的绘画，你方才知道如何在此类画作中找寻相似的美学元素——否则，你的判断只不过就是"那个看起来很漂亮"（或者不漂亮）而已。然而，这种熟悉感也不能简单理解为对抽象风格绘画的颜色与层次或概念化知识的辨识能力。[11]其实，它来自画家的直接经验，反复关注这些因素是如何"起作用"的。依据肯达尔·沃尔顿（Kendal Walton）的一篇著名论文，托德对我们所谓的"类型"[12]对葡萄酒鉴赏的重要性进行了有益的讨论。[13]托德认为，正如我们所做的，我们对葡萄酒的评估并非基于即时或者想当然的感官数据，而是依据特定的葡萄酒范畴"类别（catagory）"中既有的模式。这些类别形成了一系列组合能力：比如有人精通品鉴勃艮第（burgundies）葡萄酒，却不擅长评估来自其他地区或国家的黑皮诺（Pinot Noirs）葡萄酒。托德进一步指出，我们对葡萄酒的判断是否可靠和能与他人达成一致，这是因为相关类别的经验所提供的框架及类似范例的仔细比照。这是正确的。问题是，这种说法仅适用于超出审美范围之外的那些判断。我在盲品中确定（正确率高于随机猜测）葡萄酒出处的能力与审美体验关系不大，但肯定会有赖于我对葡萄酒归类的经验。托德声称，对于葡萄酒的正确归类使得人们以一种美学上"更为满足"的方式体验对象。[14]托德的陈述并未说明这一切的来龙去脉。就专业能力如何与审美判断互动影响，我们将尤其在第四至六章展开更细致的讨论。

在论及能力习得时——无论是音乐还是葡萄酒——

他人的经历都很重要，无论我们是在对话、书籍还是品酒笔记中与之邂逅。对于那些在葡萄酒方面水准多少有些业余的人来说，我们通过参加品酒会，或者在餐桌上轻松分享观察与见地，或者依据评论家的笔记品尝——或者通过其他一些方式，来体验他人的经验。另外，专业人士要接受严格的分析品尝训练测试，即以标准化的形式详细描述葡萄酒全部感官内容的技能。而实践能力的习得通常从直接或间接与他人接触中而来这一事实并非无关紧要；它涉及主体间有效性的概念，我们将在下面讨论这一概念。

这意味着，以前品尝过的来自摩泽尔的雷司令新酒的经验构成了第二种能力的一部分，而我们看到，关于这些葡萄酒的理想特性的概念知识可以更有效地被视为文化能力的一部分。你以前品尝过的葡萄酒，相似或迥异，可能彼此相关联，诸如酒的年份，或者来自相同酒商和产地的葡萄酒，均可比对参照。这种"隐性（tacit）"知识是在实践中学会的，并在实践中体现出来。培养实践能力的经验显然经由品酒而来，且通常由他人在场协同而获得。从某种程度上来说，这些经历建立了一系列的情景记忆（对特定事件的记忆），而重要的是，这些记忆通常因其"指向性"而赋予品酒"既定"的含义。也就是说，它们是关于葡萄酒的典型、有趣、重要、富有争议、异乎寻常，或是简单来说就是非同一般的记忆。[15]除了情景记忆之外，我以往的经历将有助于培养我进行通常意义上的分析、辨识（包括使用葡萄酒术语）、比较和综合的实践能力。葡萄酒的专业知识表现为一种整合经验和知识的能力。理查德·J.史蒂文森（Richard J. Stevenson）在《风味心理学》（*The Psychology of Flavour*）中对葡萄酒专业知识做出的结论说："葡萄酒专家兼有感性的与概念性的知识，二者是完全交织在一起的。他们的感知似乎并未超过爱酒之人，但他们的概念性知识让感知获得了更有效的利用。"[16]

实践能力需要比较经验的事实再次表明，这种能力不仅是一种感知事物的身体能力。并非所有的气味和味道都与审美判断同等相关，实践能力须包括判断相关性的能力。此外，至关重要的是，审美判断最终会涉及气味与味道之间的互动关系。葡萄酒的气味或味道各具特质，就像桑丘故事中的铁或皮革。同时，他们并非从整体中识别出的一种特殊敏感性，而是一种训练有素的能力。但分离（分析）只是品尝工作的一部分，甚至可能并非最重要的。可以说，品酒师还须能够将这些元素重新归位组合，以便感知和评估其彼此及与其他葡萄酒的关系。实践能力亦须使这一切成为可能。[17]体验感知彼此关系的能力不同于单独体验的简单能力。

休谟在关于品味的文章中提出了关于比较和经验的观点。[18]此外，这一观点甚至出现在本章开始时论塞万提斯的段落中。休谟在文中谈及"微妙的想象力"。人们不禁会问[19]想象力和微妙有什么关系。在休谟的《人性论》（*A Treatise of Human Nature*）中，想象是联想（associations of ideas）的笼统说法，因此，只能通过一般规则分为一方面是判断或者另一方面是"幻想（fancy）"。[20]现在，以桑丘的亲属感知铁或皮革的可能联想情况而言，想象力只涉及了现在与过去感知的相似性（例如铁的味道）。今天，我们可能更倾向于称之为"记忆"（哪怕时断时续），但休谟有理由来做此区分。[21]不管怎样，这当然是一个实例比较的案例，既然经鉴别宣称铁锈味是缺陷，这就需要与其他更加完全成功的葡萄酒再次进行比对。有趣的是，分析和综合品尝都涉及想象力。在这个例子中，"微妙"环节基于这样一个事实，即当前的某种感觉与其他感觉相比是微弱的，并且与它们杂糅混合在一起。[22]要找出这种想象力的联系，就需要想象力不被更强的联想沿着其他路径引导。因此，尽管休谟只是把塞万提斯的故事作为他对审美趣味讨论的隐喻性介绍，这个隐喻选得可谓再合适不过。

让我们来"挑衅"一下，将葡萄酒要素与管弦乐曲要素进行比较。在此两种情况下，从观察者的角度来看，这些要素至少部分看起来是"混合"的。鉴赏的一部分工作就是去解析它们，尽管当然一起倾听它们也同样重要。葡萄酒要素涉及味道和气味，于音乐而言是声音，它们均生发于三维空间场域。葡萄酒的风味香气从第一次嗅闻到回味以时间先后阶段性呈现给我们，对应步骤为入口、中味和回味。在音乐厅听音乐时，我们也会发现管弦乐队的空间布局。小提琴通常在左边，而大提琴在右边。葡萄酒和音乐均展示了我们所说的序列和价值。后者可能在于音高和管弦乐队中各种乐器的特有声音，而葡萄酒有纯度、特色与细微差别的区分。两者还表现出不同的强度和不同类型的持续时间。当品酒师谈论葡萄酒中的"音符"或"和声"时，那不仅是空洞的修辞。文化能力告诉我们在这项理清成分与关联的任务中要寻找什么；实践能力是指如何执行这项微妙的理清操作的"窍门"，这样一来，感性对象便可以"经由智性而塑造"[23]成一个内涵丰富、完整的审美对象。

然而，对不同味觉元素的检测、区分，乃至彼此参照，这些本身并不足以促使葡萄酒成为审美对象。在弗兰克·西布利（Frank Sibley）脍炙人口的文章《美学概念》（*Aesthetic concepts*）[24]中，弗兰克指出，诸如"平衡""优雅""深刻""和谐""生动""有力""复杂""统一""微妙"等概念指的是"浮现的"属性，它们的使用并非被客观标准的应用所驱使。"客观标准"是指对作品的描述，抑或将其与其他成功或不成功作品的描述进行比照。而这些概念的使用表明它们是基于本质单一的美学标准。"独特"的意思是，如果一个艺术家画了一幅被认为在美学上成功的画，然后他或她（或其他人）画了一些非常相似的东西——同样的技巧、主题、构图及我们能想象的所有其他描述，那么第二幅画则有可能被认作美学杰作或败笔。（请注意，我们对此处伪造的本质不感兴趣，因为对于我们的争论，第二幅画是由同一位画家还是由几个世纪后的另一个在世画家创作并不重要。）"非常相似"包括试图将第一幅画的美学成功归结为一套客观标准，这套标准可以适用于诸多情形。如果是这样的话，美学意义的成功仅仅意味着墨守成规。审美判断是单一的，因为它们涉及单一的实例，并且不能仅仅基于对规则和类别的参考（或者就此而言，基于二手报告）。

概念性知识和实践能力包括可转让的知识。虽然我不能把实践经验直接转让给你，但我一定可以用它来帮你习得技能。再者，这些能力使得主体间有效性描述成为可能。这意味着实践能力与文化能力相结合并不能单独影响人们的审美判断。也就是说，审美属性是随着这些能力让我们感知到的葡萄酒元素而出现的。我们需要第三种能力——审美能力。没有足够的客观标准来评判何为"生动"或"和谐"关系的美学特质。人们对其评判通常受到感性观念的引导。例如，人们描述某些感知元素时可能只是试图凸显其突出特征。我们可以说"x与y的气味彼此和谐"，进而赞同类似的观点。[25] 这个例子表明描述是我们的主体间性对"看作（seeing-as）"的解析，即通过相关元素来把握其美学意义上的整体。[26]审美判断的一个标志在于如何论证，而美学论证只有通过参照经验才能得出结论。至于审美属性的存在与否，没有演绎或归纳的方法来对此得出结论——然而，不管怎样，争论是富有成效的，并非毫无意义，就像试图说服某些人喜欢凤尾鱼一样。我们将在第四章回到关于审美判断的批判性辩论如何发生的问题。

从根本上来说，一个物体具有"审美性"这一事实是由品鉴活动促成的，而不是相反。[27]从这个意义上说，只要有相关的"能力"，便可以尝试从美学的角度接近任何对象，即运用描述性和评价性的语言，以及有效的主体间参照到位，或者借用其他鉴赏领域的类比（例如，葡萄酒中的"和谐"很可能是从音乐美学中借用的）。家用电器或家具的商务设计通常被认作是从功能到美学的"跨界"。接下来的问题是，实体体验是否值得这种审美关注。抑或，审美对象的背景关联可能需要被关注（艺术画廊中的画作由于其自带的背景而"要求"关注），或者一开头便以某种方式要求这种关注。后者的例子即所谓的"翻转"体验，即品酒师对葡萄酒的美学可能性敞开思路。[28]

这种更高层次的鉴赏必定会催生出一些新的概念（激情、和谐、雅致等）——也就是说，在我们称为美学的项目中，这些美学特质被体验为"在那里"，"在葡萄酒中"。这些概念的出现之于品鉴对象是有价值和意义的。简而言之，任何事物都可以从审美角度欣赏，然而并非任何对象都会令人感受到回味无穷的审美体验。然而，我们不能就此认为这种"回报"是源于审美对象中的某种特质，任何人都能一望便知。其实这些美学特征是渐次浮现的，而这种浮现的可能性，正如我们所见，是建立在审美能力之上的。

通常情况下，我们会对那些引人注目的对象给予审美关注——比如，艺术——或者其他类似矫饰的对象。我们可能会认为，对某些对象来说，可能从一开始就不适合受到美学关注，因其实体从未引起特别的美学关注。然而，审美对象制造者的意图并不总是最重要的因素。最重要的问题涉及审美对象对其受到美学关注的需求程度，以及最终该对象是否能回馈其所受到的高度关注。

审美实践

然而，称职的评价者、品酒师或批评家仍须有所行动。上面我们使用了术语"审美关注"，代指一种有意识地寻找审美属性的行为。正如我们所说，这种关注有可能是自发的——当我对一件工业设备进行审美评估时，或者可能由语境或物件本身所引发。不管怎样，这种自发行为远不只是一种精神理念而已。比如，作为一名合格的艺术评论者，我所做的一些事情不能简单地理解为一项脑力劳动。我要求有合适的照明，没有干扰，这幅画挂得不高不低，以便观赏，还要考虑到观众能在画前来回走动，以便从不同的角度和距离观看它，我还想要某些特定信息（"这是塞维利亚时期的画作，对吗？"）。最后，我主张不要急于求成——要有时间进行桑丘和休谟都提到过的反思。这些做法在公众艺术观赏区的设计中得以实施。[29]这些操作对我们来说是如此熟悉，以至于几乎没有留意到它们：画廊空间中照明的色温和强度（通常是间接照明）；墙上画作的高度，或者其他类型艺术的呈现；画廊的布局，以便保持适当的观看距离；按艺术家、主题或作品时期的分组；恰到好处的氛围；乃至作品信息点出现的节奏。一个设计精良和管理到位的画廊宛如一台崇尚审美姿态和有效的鉴赏实践的仪器，由此方能契合一个专业评论家可能的需求。

同样，有能力的品酒师坚持一套旨在最好地让葡萄酒接受评判的实践，并让他或她的能力得到最有效的利用。于是，相关步骤涉及品酒的顺序，玻璃杯的类型，观色光线的调度，酒的温度，呼吸或醒酒，旋转，嗅闻，"咀嚼"，回味，等等。这一系列操作有几个重要功效：它们能最大限度地激发出香气和味道，并在时间和空间（口腔和鼻腔）中传播开去，以便有"空间"进行品析及合成。请注意，实践操作和专业能力之间的联系是很重要的。对于个人来说，实践能力通过重复操作累积而来，但专业基本功也包括实际应用的能力，因而它们不仅是一种空洞的仪式，而是一种与他人协作中所获得的令人信服的葡萄酒体验。

有些操作，如品酒温度，是有传统可循的。14℃是某种葡萄酒 "正确的"温度，这一说法看似武断，却是一个显而易见的事实，即出于比较的目的，人们希望控制这样一个关键变量。然而，传统的品酒温度也体现了几代人的经验，关于葡萄酒的不同品性，以及在什么条件下它们的理想特征最有可能显现。在本章的后半部分，我们将探讨传统对审美体验的重要性，至于其全面内涵将在第四章到第六章展开讨论。

这些实践也有可供交流的一面：关于葡萄酒的信息可否提前获得及可以获得多少，品酒师该在何时互相讨论，笔记和记分卡的布局，以及记录其上的信息如何被使用。这取决于品酒师所从事的项目类型，是品酒，在报纸上发文推荐，还是搭配菜肴。如果是为读者品鉴葡萄酒，这些笔记将被放到博客或报纸上，从而在更广泛的社区产生影响。[30]那么究竟该使用什么样的语言来探讨葡萄酒话题？一些用来标志葡萄酒的术语就是直截了当的描述（例如"橡木味"），因其所描述的内容就属于葡萄酒。人们也许可以通过化学方法辨识出被感觉为"橡木味"的分子，如果葡萄酒是在橡木中陈酿而就，我们甚至可以直接进行回溯，就像桑丘的亲属品味到的皮革或铁一样。这种描述性的葡萄酒语言——如果使用得当——具有真正的客观有效性。市场上有几种葡萄酒香气套件，内有多达80种不同的气味，旨在训练人的鼻子正确辨识葡萄酒中的这些气味，并通过交流将其传达给他人。它们显然都是人工合成的，而非从葡萄酒中萃取而来。而这就表明一些葡萄酒最常见的香味背后的化学成分早为人所熟稔。但即便从这个四平八稳的结论出发，仍有一系列其他类型的术语与说法语焉不详，因其所描述的内容不能以化学方法明确辨识出来。托德扩展了所描述内容的来源，将隐喻也包括在内，至少囊括了那些可以被解释为"非隐喻的物理属性"或者对葡萄酒专家们来说相当熟悉的"基于某些惯例"的隐喻。[31]但凡隐喻能为人所知就没有问题；隐喻是一种简写。然而，在专家的共同活动中嵌入隐喻性的术语或说法，这并不是可以根据描述性有效性进行讨论的问题。相反，它需要我们对实践和主体间有效性的把握。其他术语可以被称为"厚术语（thick terms）"[32]，因其在不同程度上体现了评估性和描述性。"矿物质"可能既是对葡萄酒特征的描述，也是对有望展示出这种特色的葡萄酒的褒奖，比如夏布利酒（Chablis）。最后，还有一些术语或短语似乎完全脱离了描述的层面，比如"细腻（finesse）"。问题是，在某种极端情形下，葡萄酒语言是否变成了仅仅是某些术语和短语的来回往复，而它们看起来都是貌似客观描述的浮夸失当，有失严谨的隐喻。我们的论点是，葡萄酒语言在这个审美范围的末端可以具有有效性，但属于我们所说的"主体间性"类型，并且只能作为品尝实践的一部分。

如果我们认为葡萄酒用语只是一组简单的描述性术语，我们很可能会忽略几个关键特征。首先，葡萄酒用语的句法或语法表明了诸元素在时空中的定位及其相互关系。其次，凭借品尝的实践和能力，描述性术语首先获得稳定的含义，从而能够恰当地描述。我们可能忽略的第三个特征是参与涉及葡萄酒用语的活动的目的。除了在某些特定特殊的情况下，葡萄酒用语很少被用作检测到的元素的描述性记录。一些可能的目的可能是鉴别、推荐、比较、评估年份，以及说服他人接受观点——关于葡萄酒的一种特定观点。这些活动改变了描述性语言的表层含义，或者改变了"厚术语"的描述与评价的相对权重。[33]

最后，如果我们关于审美实践与属性的假设是正确的，那么品酒所使用的语言本身就需要分析和理解。它并非描述性的，因为描述性术语通常在诸多不同的跨界领域中有着相当稳定的引用参照。我们可以在许多不同的情况下，为实现各种不同的目的，识别和使用"紫丁香气味"这个短语。它也不像科学语言，科学语言仅限于一个使用领域，但理想情况下可以通过一种独立于感官知觉的方式来指定其含义。而这同样也不仅是无稽之谈，尽管"品酒时的奇思妙想是过程中至关重要的环节"。[34]类似的例子或许可从满载"深奥术语"的道德语言中找到。正如休谟的著名论断，我们无法从"是（is）"中推导出"应该（ought）"。[35]休谟认为，描述特定行为，无论多么精确逼真，抑或可从中得出合理的进一步陈述，都不能强迫我予以道德赞同或反对。

因此，道德属性相对于其他属性来说是"浮现的"。因此，道德品质通常归因于行为：我们会说"这样做很慷慨"，[36]就像我们把和谐归因于葡萄酒一样。相比之下，我们更愿意承认感官愉悦取决于我们自己："那些凤尾鱼对我来说味道棒极了。"我们将在第五章回到批评修辞如何发挥作用的问题。

可以肯定的是，除了在某些专业领域，这些程式均未经严格的标准化，但艺术评论家也同样如此。而大多数品酒会，即便再随意，都会试图遵循大体相似的程序，并分享参与语言游戏。对于"圈外人"来说，这些活动可能显得神秘甚至可笑，就像某些秘密俱乐部的握手礼，但有些程序是公开的，甚至可以在葡萄酒的标签上找到建议（例如，品酒温度、储存条件或建议搭配的食物）。这种对群体的"圈内人"和"圈外人"的区分可能被视为诸多审美实践（包括品酒）的社会功能的一个令人遗憾之处。模仿可以让一个业余爱好者假装自己是"圈内人"，或者让一个喜剧演员赢得笑声。而这些程式神秘的、排他性的一面肯定不是其审美功能的一部分。圈内与圈外不只是神秘和排他所造就，而是训练和经验的必然功效。放射科医生或语言学家的谈话对你我来说也显得晦涩难懂，但这正是其专业知识和经验的"体现"。

因此，关于葡萄酒的审美实践不仅是一种精神态度，也是一套要遵循的程序，或要实践的活动。现在，实践活动服务于精神态度似乎是合理的，但也仅仅是为了接近理想状态，才让精神意念占了上风。审美实践和科学实验中对条件和变量的控制之间有着明显的相似之处。但这种类比具有误导性。一个设计合理的科学实验的目的可能是使结果令人信服，从而使实验者的主观判断变得可有可无，而品酒实践恰恰是为了进行判断而设计的。因此，虽然当我们讨论以识别或描述为目的的品尝实践时，与科学的类比可能很有效，但它显然不适用于审美实践。一个更好的类比可能是审美实践与警方和法院在刑事案件中遵循的程序之间的类比。我们小心翼翼地"包装和标记"证据，以确保其有效性，但程序不是证据的一部分，也并非决定证据证明什么的判断的一部分。法院一开庭，这些程序就应退居幕后。以此类推，我们是否应该得出这样的结论：审美实践只是为了把审美经验带到我们的判断中来?

我们建议不要:实践是判断的一部分。想想一场足球比赛。当然,比赛的目的是比对手进更多的球,从而赢得比赛。但这并不意味着防守定位、适时铲球、穿过中场、控制直传等只是为球入网做背景准备。如果杯赛进入点球大战,球迷和球员都会觉得受到了欺骗;这最终提供了一个结果,却并非他们所认为的"适当"游戏的一部分。同样,审美评估是一项囊括所有实践要素的活动。最终评判是实践的总结,而不仅是最后的活动。因此,审美评价的心理机制应被视为存在于这些不同的活动中。正如我们将在接下来的两章中看到的,这对于我们如何理解品酒笔记,以及为什么时间因素在审美体验中有着重要的影响。

正如上面所提到的,鉴赏活动可以针对任何东西,不管它是否为了审美鉴赏。从达达运动开始,许多艺术家达成了共识:原则上任何事物都可以被赋予美学上的关注。对一个通常不受关注的对象进行审美审视——因为它如此普通、难以得到、随意或其他什么——可能会产生一种潜在有趣的审美体验,以及一系列作为主体间能力的追溯性变化。新型的审美对象，甚至可能是一种在美学上取得成功的新方式，进入了艺术的"词汇（vocabulary）"。通常经由类比，现有既定的审美语言得以扩展，以达成新的共识。由于这些对象往往会引起惊讶或震惊，因此，它们经常被视为带有政治或社会批判性内涵，无论是在内容或信息方面，还是仅仅就它们受到审美关注的事实而言。然而，说来有些自相矛盾，由于其所受到的任何评判都会改变文化、实践或审美能力的状态，这样的作品很快就会被主流所接受。在品酒过程中也会发生类似的事情。一个新的酿酒商，一个新地方或一套新"哲学"，一种新技术，或者一种当地葡萄品种的新用途，尽管我们的能力可能会落后一些。最近的一个例子是"橙酒（orange wines）"——用"白"葡萄酿造的葡萄酒，但以红葡萄酒的方式酿造；再加上延长的浸皮时间，赋予葡萄酒金色或"橙色"的色调。经过一段时期鉴赏界的"分裂"，这些"新"葡萄酒最终可能被认为在美学上是成功的。有时，葡萄酒界的地图（当然也是一张政治地图，至少在一定程度上，它牵扯到国家和地区的利益）必须从实质和象征意义上重新绘制。约翰逊和罗宾逊的经典之作《世界葡萄酒地图》（*World Atlas of Wine*）（截至2007年）已经是第六版了。

在某种程度上，人们很难理解或想象葡萄酒所带来的初始冲击曾经如此新颖、充满挑战及引起争议。新的审美对象对于评判实践和标准的影响在于，改变后者以适应甚至自然化前者。我们将在第六章更全面地讨论酿酒的实践和惯例与品位鉴赏的实践和标准之间奇特的循环互动。

主体间有效性

审美能力涉及从可察觉的感官属性转移到浮现属性的存在（或不存在）的能力。要知道"和谐"在葡萄酒中的含义，就要先接触过和谐的葡萄酒，并且有一个指导者帮助你"看到"葡萄酒是"和谐的"。然而，浮现属性的特点则基于被感知的特性。正是这一系列气味、味道和来自其他诸感官的感知，以及它与整体的关系是和谐或微妙的。因此，感知与品味浮现特质是一种额外加分的能力，但若没有文化底蕴和实践能力则无法达成。审美能力是主体间获得的，且在主体间行使。首先，它本质上依赖于，如果不是语言本身，则是特定的文化共享的美学含义，我们通常用语言来传递它们。例如，我必须知道"和谐"的美学内涵。这不仅是我们所说的文化能力的一部分，因为这不是一个显性知识问题，而是一种感知事物的特质或其彼此关联的能力。[37]

文化和实践能力通常是在社会环境中获得的，例如，我能判断一种葡萄酒闻起来是否像某地出产的典型葡萄酒。再比如，我可能正在参加品酒课程，聆听、品味或阅读他人写的笔记。此外，对于品酒鉴赏来说，重要的是周遭环境本质上是社会性的，因为这样才具备相对稳定的语言氛围和实践活动。然而，从理论上讲，无法解释为什么人们不能通过在孤立状态下独自学会通过嗅闻来辨别雷阿尔城的葡萄酒。他们到时可能使用共享的地理语言与其他品尝者交流。然而，更令人难以想象的还有，（尤其是）品酒实践能力的其他方面能在这种完全隔离的状态下达成。例如，有些嗅觉或味觉元素没有明确的关联客体，这就是凯文·斯威尼（Kevin W.

Sweeney）所说的"分析诠释主义"的产物。[38]他举的例子是荔枝或葡萄柚的气味。这些气味的描述性术语可能隐含了一个隐喻，而这个隐喻已经被广泛接受，以至于我们不再注意到它的隐喻性。我们认为，这些术语显然对于品酒师群体很奏效，因此对接的是品酒和谈论葡萄酒的社会活动。感官科学家含蓄地承认了这一点，因为他们经常使用诸如专家[39]、新手甚至"训练有素的专门小组成员（trained panelists）"这样的类别来称谓他们的受访者。因此，尽管没有理由回避谈论描述性项目实践与资质的客观有效性，但忽略社会和文化维度的做法仍然具有误导性。

然而，审美能力在本质上更具有社会性。我们认为，在此基础上形成的判断的有效性是主体间性的。我们所说的"主体间性"是指，如果没有预设实践活动、惯例或标准在其本质上是社会性的，那么审美品鉴则无从谈起。作为社会学的研究对象，只有当个人被视为某个文化群体的代表时，以上这些才成为个人心理所针对的对象。此外，审美判断的结果（评价及其正当性）反过来只有在那个社会背景下才具有意义。这

种评判的条件及其产物，构成判断的共同体。"社区
（community）"是指一个宽泛的审美文化的子集，该
群体不仅有广泛相似的品位，而且具备相近的能力，在
品鉴中遵循相似的程序，并共享彼此重叠或可翻译的
评判性语言。"文化"是指属于人类共享的一切的命题
乃是基于以下事实：人类本质上是社会或政治存在，归
于群体并以群体的方式思考，再者，人类是在历史层面
上被"定位"的，即在某个时间生活在某个地方，以
及与此相关的一切。因此，文化对群体来说是规范性
的（它倾向于自我复制），但群体随着时间和地理空
间（近来程度趋于减少）而变化。族群也是彼此嵌套
和重叠的。因此，将"西方文化"作为一个整体来谈论
在所难免，但同时也存在城市甚至家庭的特定文化元素
（如家庭传统）。举例来说，一个人可能来自非常保守
的审美文化群体，来自现代西方国家的社会边缘地带，
但作为一个在美术学校工作的学者，他可能属于一个欣
赏前卫艺术的群体。这些文化规范、活动及它们识别和
定义美学属性的方式很可能经常发生冲突。因此，我们
所说的"文化群体"是指与惯常的规范和实践活动相关

的任何层次的群体。就本书的意向而言，既然我们试图避免地域、风格或技术方面的偏见，通常我们将品酒社区作为一个整体来谈论。同样，为了强调行业各方面之间相互作用的重要性，我们经常使用新词"葡萄酒界（wineworld）"，意在将全球范围内与审美体验相关的葡萄酒生产、分销、销售、批评等各个方面都包括在内。通常识别相关群体对于理解导致评价差异的规范[40]或期望是行之有效的，而这些群体将是广泛审美社区的一部分。这些亚群体可能是"《葡萄酒倡导者》（*The Wine Advocate*）的所有读者"或"那些支持使用生物动力方法生产葡萄酒的人"等。

　　桑丘的亲属支持共同的文化规范，就葡萄酒的卓越达成共识，而这种共识似乎压倒了他们对特定描述性品质或部分缺陷可能存在的任何分歧，或者将其简化到了细节水平。回想一下，正如我们所看到的，他们彼此的认同与分歧也使得他们联合起来反对他们的雇主。批评家应该与那些做出非审美评判之人保持距离，这意味着后者秉持的规范和期望与审美判断无关。然而，从这个意义上来说，批评家无法拒其他同行于千里之外。也就是说，他们无法游离于其审美群体以外，因为正是后者的规范和期望使他们做出评判。诚然，批评者通常大声嚷嚷着不同意见，但这种争辩正是批评实践的重要组成部分。

简而言之，我们的假设是，这种审美能力的基础"属于"一个文化群体及其历史，然后才属于现在的任何特定个人。这就是为什么"和谐"的概念在世界上不同的美学传统中含义各不相同，甚至在同一传统的不同分支中也是如此。一种文化通过一系列机构（学校、博物馆、学徒制、大众媒体或者其他什么）来引导其成员获得审美能力。这些机构的实质功能是教授"你应当这样来看它［无论绘画、诗歌还是庞马洛（Pomerol）葡萄酒］，才是和谐的"。那些与葡萄酒鉴赏相关的媒体，许多地区性、全国性或国际性的比赛，经过培训的葡萄酒买家和经销商、种植者协会和葡萄栽培学院、数十年来的品酒记录，所有这些都与成千上万的俱乐部、社团和专业组织结合在一起——所有这些机构都为葡萄酒鉴赏中的各种参与者服务。除此之外，还有一大堆旨在帮助判断的工具，但它们的开发、使用和维护需要在主体间区域采取行动。例如，官方或半官方的葡萄酒质量和声誉指定授权，或者报纸和杂志上的评分系统。格洛丽娅·奥里奇（Gloria Origgi）[41]从社会认识论的角度讨论了这些工具；我们认为，我们对能力、实践和主体间有效性的处理与她的工作大体一致，并期望以此引发更广泛的哲学关注。因此，我对葡萄酒的审美感知并非仅是自己做出的主观判断（类似"我真的喜欢它"），也不是客观判断（"这是由霞多丽葡萄制成的"或"这有紫丁香的香味"），而是在追求主体间有效性。

让我们用不同的方式来阐述这一点。在审美判断中，我认为对象是不断变化的，并且在审美上被视为围绕浮现属性的统一。（在第三章中，我们将使用意向对象的现象学概念来讨论这个难点。）观看者和对象之间的关系也在不断发生变化。在以前的其他情况下，感知者（以酒而言，即品酒者）将他或她自己视为面对个体对象的个体主体。两者本质各异，各自又与其他事物分离开来，由此产生了科学调查类比的吸引力，以及对盲品作为一种方法的可靠性的普遍信念。然而，审美鉴赏意味着我并非"为我自己"发声，而是我的审美群体的代表。同样，葡萄酒也不仅是"这个杯子"或"这个瓶子"，而是标志着葡萄酒酿造的传统和实践及葡萄酒相关可能性的一种特殊呈现。我们将主要在第三章和第六章回到这种转变的本质和意义的议题上来。

审美能力的实施方式也是主体间性的。评估的结果及其合理性只有对那些运用相同社会风俗的人才有意义，而正是那些惯例风俗催生出了审美能力。我的评判可能会强化这些惯例，或者以某种方式挑战或扩展它们，但总深植于此。那么"我的判断是正确的"这句话意味着什么呢？这意味着我的审美群体中的其他人也会认同我的说法。假设我独自品尝了一些在我的酒窖里存放多年的葡萄酒，因此这是一个一次性的机会，可以看看一款葡萄酒在过了通常的巅峰时期后表现如何。我可能会尝试对葡萄酒做一个非评价性的、直截了当的描述：随着时间的延长，气味或味道的哪些元素被减少、丢失或增加。在此情形下，如果操作得当，我的描述对于其他人来说肯定是客观有效的。从这个意义上来说，我只是一个把酒（但凡可能）翻译到纸上的工具而已。在前面探讨品酒实践与科学描述的相似性时，我们说过科学方法论的理想目标是去判断化。但审美评判并非如此。如果我的目标是对葡萄酒进行美学评价，那么即使在我孤独居家时，我的评判也代表了其他品酒师的判断。

审美判断旨在达成共识，这一事实也表明了主体间性的有效性，这就是为什么判断会导向"你肯定也是这样看的"。与我们通常理解的主观或简单的文化相关性判断——如基本的食物口味或颜色偏好——不同，审美判断本身是规范性的。如果我识别出葡萄酒或绘画中的和谐，那么"肯定"你也会，只要你正确地感知——遵循适当的程式及规划——并且具备相关资质。如果我们无法彼此认同，那么我们则倾向于怀疑我们中的一个受到了外部因素的不良影响，注意力不集中，或者资质不够（这包括我们属于完全不同的审美群体的可能性）。

然而，表达审美判断的规范性方面可能会产生误导。即使是康德，他所推出的"常识"的概念为理解审美判断的主体间特征做出了关键性贡献，也经常写得好像他立足个体感知而向外推断。[42]审美判断之所以为"主观的"，只因其前提属于主观范畴，但我并不作为

个体或"为我自己"进行评判。康德还认为它们不是
"客观的",因为不可能有确定的美的概念。我们在上
文中讨论过这个观点,即制造或评估受欢迎的美学对象
或现象并无固定的规则。常识是一种基于"无形之手的
协调力量"的原始共享的判断力。[43]当我做出判断时,
我自然希望他人同意——类似道德权威的力量。而康德
并未反其道而行之。别人期望我同意他们,因此我有责
任通过我的判断来代表别人。

　　如果一个人过于强调从个人评判向外推断,他就很
容易陷入思维的陷阱,认为主体间的一致是由碰巧相互
同意的个体组成的。就好像我们分别出于同样的原因,
碰巧喜欢X类型的对象,因此后来走到一起,形成了一
个批评或鉴赏的群体。我们则提出相反的看法:品鉴的
主体间实践(程序、知识和语言)是个人鉴赏的前提
条件。毫无疑问,作为一种特别的体验,品酒属于个
人——但这仅仅是因为这个人已经属于品酒师的主体间
团体。可以说,在品尝葡萄酒之前,我已基本同意我的
社区的判断,这种同意使我能够以欣赏的方式品鉴葡萄
酒。也许我是一个葡萄酒商,正在试验一套新的流程,

然后想要评估这些试验的结果。尽管我是罕见的真正的创新者之一，但我从共同的文化遗产出发，很可能以这种遗产的延伸或修缮而结束。由于葡萄酒鉴赏需要训练和经验，先前共享的文化背景尤为关键。因此，从品酒的角度来看，情况似乎与上述"陷阱"刚好相反：社区业已存在，我加入其中，在我的评判行为中，我代表社区。这种从个人经验到美学实践团体的决定性转变可能有助于解决美学其他领域的问题，我们将在整本书中探索它的含义。

当然，即使在一个已"认同"那些通过美学实践而浮现的广义属性的美学社区中，人们也可能会寻求达成共识，但不会达成共识。美学问题上存在重大分歧的事实是休谟论文的出发点，康德则讨论了那句老生常谈的"品味是无可争议的"。[44]他们二人都注意到，意见分歧的事实比更常见的意见一致的事实受到更多的关注。正如我们在本书的介绍中指出的，许多关于葡萄酒哲学的文献都在关注葡萄酒中的"主观性"问题。我们认为，事实上，葡萄酒的"纯粹主观性"问题并不比其他美学领域更尖锐。然而，不可否认的是，乍看之下，这个问题确实显得更加尖锐。比如说，与音乐美学相比，葡萄酒鉴赏面临着额外的障碍。首先，不仅存在不同判断的基本问题，而且对葡萄酒的判断也不止一种。这些很容易相互混淆。我们将在下面讨论品酒的不同"项目"的重要性。当然，关于绘画也有不同的项目——例如，拍卖人的估价、大亨的身份象征或一个国家的民族认同感。但比起葡萄酒品鉴，上述这些与审美评判之间的差别更加广为认知。其次，酒涉及了人体中的"近端"感官，这些感官普遍带有主观性。我们将在第二章和第三章中讨论这些问题，在这两章中，我们将清楚地看到，无论葡萄酒呈现的对象多么"模糊"，这都不会构成障碍。

项目

"项目"是一个方便的称谓，指一系列能力和活动的整体协调，以达到某种目的——在本例中是对葡萄酒的审美评价。正如我们在《堂吉诃德》片段中所观察到的，桑丘至少有六个项目"正在进行中"：喝酒解渴，一醉方休，喝酒作为社交活动的一部分，喝酒作为一顿饭的一部分，品尝葡萄酒以确定它来自哪里，品尝葡萄酒以评估它。每个项目都包含一组活动和能力——当然，前两个项目主要关注的是数量和速度。每个都可以轻松地独立存在。例如，没有理由不能在没有食物、没有评价等的情况下享受一次社交畅饮。结合在一起，它们倒可能彼此干扰。例如，喝醉酒极有可能损害一个人在最后两个项目中的判断力（还可能导致社交失礼）。这就是专业品酒师不满的原因。在桑丘讲述的他的亲戚的故事中，他们要么只闻气味，要么把舌尖浸入葡萄酒中。当然，这凸显了他们的专长，但也显示了桑丘肯定不会效仿的某种对项目的专注。对于桑丘来说，他的两个项目碰撞出了喜剧效果：酩酊大醉之际，嘴里含着咀嚼了一半的食物。

然而，我们特别感兴趣的是桑丘的最后两个项目：评估和鉴别葡萄酒。塞万提斯的故事强烈暗示，这两个项目彼此不同，因为桑丘和乡绅将它们作为不同的问题进行讨论。可以肯定的是，品酒的多数活动或程序对二者来说都是共通的，尽管他们各自可能强调或重复不同的活动。例如，品鉴者可能在摇晃和嗅闻阶段停留更长时间。同样，其间所涉及的文化内涵和实践能力也会重合。而所谓的审美能力，只在其中一个项目中使用而已。

在塞万提斯的故事中，这两个项目并不冲突，但不难想象它们会发生冲突。因为，在评价和鉴别葡萄酒时，你是在寻找或忽略葡萄酒中不同的品质。葡萄品种的标志对后者至关重要，但对前者来说可能只不过是背景噪声。同样，评估更多的是一个综合过程，而识别主要是分析性质的。因此，即使葡萄酒的某些特质对两个项目都很重要，它们在判断中的解释或使用也是不同的。例如，评估项目可能会判断彼此及整个葡萄酒的重要品质，而不是单独判断。最后，如果我们关于审美属性的假设能够成立，那么对于品鉴者来说，一定有一整类归于葡萄酒的属性，但是对于纯粹的品酒师来说，这些属性存在与否无关紧要。纯粹的鉴别品酒师和纯粹的评估品酒师可能喝的是同一种酒，但品尝的是不同的酒。我们所说的"相同的酒"指的是作为物体存在的酒，它与我可能会说或想到的任何东西都是截然不同的。然而，我们所说的"不同的葡萄酒"是指他们的品尝体验是根据不同的项目和目的组织起来的。因此，他们彼此可能很难相互交流，乃至很难理解为什么他们会有这样的困难，直到他们认识到并找到一种方法来适应他们项目中的差异。

同样，一个影评家至少有两个项目，只是有时彼此重叠：运用行内的通用术语来判断主流电影，根据审美标准来判断"艺术"电影。在这两个项目交叠处，我们可能会读到这样一段话："X可以简单地作为一部娱乐性和泡沫喜剧来欣赏，但很多人会发现它对被抛弃的爱情的描绘非常美丽。"在品酒的过程中，品酒师可能会发现他或她自己的处境与影评家并无二致：有两份活儿。酒商面前并排放着两瓶酒（尽管通常它们的定价会有很大不同），如果从审美的角度来看，其中一瓶是不受青睐的，但就其本身而言，它可能还是完全可以喝的。另一瓶可能被维持并奖励审美关注度。许多味道和气味的成分和关系是相似的。在第一种情况下，审美关注会发现葡萄酒令人愉快，但最终缺乏"深度"或"复杂性"或"和谐"。所有这些都是审美属性，而不是普通品质的直白描述。然而，与受欢迎的葡萄酒相比，与评论家经历过的其他葡萄酒相比，与评论家对某些葡萄酒类型、产地和技术的可能性的理解相比，它们被认作是有所缺失的。这里的比较因素需要训练有素的记忆力和想象力。品尝这种不受欢迎的葡萄酒很可能是实践和审美能力发展的重要部分。一款葡萄酒可能会展现出一些人们所希望的美学特征，但不是全部；或者某个属性在某种程度上是微弱的、不连贯的或未经开发的。在这两种情况下，文化能力和实践能力得以养成，这将使未来的比较富有成效。简而言之，审美注意力不仅允许对一个物体进行审美评判，而且它还创造了一个新的物体，[45]一个只在葡萄酒中作为实体存在的虚拟物体。

鉴别和评估并不是葡萄酒唯一可能相关的两个项目——我们从塞万提斯的列表中对此有所了解。然而，它们甚至不是仅有的两个"严肃"项目。事实上，我们认为，用盲品鉴别一款葡萄酒与其说是一个品酒的关键步骤，不如说是一个派对游戏。[46]我们尚未提及但非常重要的一类项目是非审美类型的评估项目。例如，超市的葡萄酒采购员要承担的项目就是确定是否有市场以及合适的价格点。另一个重要的例子是葡萄酒评论家，他经常评判某一特定类别的葡萄酒。这类葡萄酒通常要么是特定的原产地，甚至是年份（比如，品尝2008年阿尔萨斯雷司令酒），要么是范围更广但价格特殊的葡萄酒（推荐价格约为12美元的红葡萄酒）。在后一种情况下，让他或她的读者得出这款12美元的里奥哈（Rioja）和所有其他测试过的葡萄酒都没有审美价值的结论是无益的。更有用的说法是，在这个价位上，它非常可口，有这样或那样的特点，而且很适合猎鸟时饮用。另一个更重要的品酒项目是典型性。这里的目的是让不同的实践产生一个类型的判断："这是小夏布利（Petit Shablis）葡萄酒的典型例子。"这意味着这款葡萄酒具有小夏布利葡萄酒的所有特征，没有你不会想到的特征，它的特征相当平衡或完整，是夏布利葡萄酒的独特之处——显著的酸度就是其中之一。显然，如果葡萄酒有要求，上述任何一个项目都可能需要跨越到美学领域。一款特别的葡萄酒在品酒会上可能会脱颖而出，并非因为它只是同级别中最好的（事实上，它甚至可能不是该级别中的典型，因此并非狭义的"最好"），而是因为它是该组中唯一需要审美鉴赏的。

项目概念的介绍到此为止。我们将在第二章和第三章回到这个概念〔在这两章中，我们将把此议题与相关概念如关注度或显著性过滤（salience filtering）等一起讨论〕。

结论

显而易见的是，我们选择不去研究与葡萄酒鉴赏相关的哲学问题的边缘，而是重新思考一些基本概念。这个雄心勃勃的目标伴随着风险。我们还面临着如何开始的传统问题，因为每个新想法似乎都需要其他想法加入才得以探讨。因此，我们的目的是在第一章中介绍几个想法，我们已经简要地提到了我们将用来证明它们的合理性并探究它们含义的论据。详细信息包含在后面的章节里。在下一章中，我们将研究葡萄酒作为审美对象的一些特征：是什么让葡萄酒需要我们上面提到的那些广泛的实践和能力？我们也将使用一个扩展的思想实验来尝试和梳理出是好葡萄酒中的什么让它们被认为有价值和重要。

注释

1 Miguel de Cervantes（1885），vol. 2，ch. 13.

2 Hume（1987）：234–235.

3 我们所说的审美属性也称为"审美特性（aesthetic properties）"或"审美品质（aesthetic qualities）"。

4 当然，葡萄酒很可能带有铁和皮革的味道，而无须接近铁或皮革的东西，如Smith（2007）中的例子。然而，这里提出的观点仍然成立。

5 在这一点上，我们同意Cain Todd（2010）在前两章的讨论。

6 Cervantes（1885），vol. 2：137.

7 Smith（2007）and Todd（2010）.

8 我们不会选择说审美属性或特性是附带的。附带性是一种严格的蕴含关系。当存在许多H_2O分子时，所得水在室温下必然是湿的。像酒这样的液体的感知特性与其美学属性之间的关系不是必然关系。虽然"浮现（emergence）"可能是一个有争议的概念，但我们希望在本书中以赋予这一概念内容的方式解释感知元素与审美属性之间的关系。

9 在以前的一些出版物中，Burnham 和 Skilleås（2008）、（2009）和（2010），我们对这个概念使用了"资助（funding）"这个不幸的术语。

10 见Aristotle's Nicomachean Ethics（2002）：1103a 中的区别。

11 在我们上面的例子中，关于图像学和中世纪绘画也可以得出同样的结论。

12 Todd（2010）：102ff.

13 Walton（2007）.

14 Todd（2010）：110.

15 如果说葡萄酒的能力有其生理或心理基础的话，或许就像休谟提出的"微妙"概念一样。休谟提出的"微妙"的概念，它可以在这里找到，那就是对（广义上的）味道的记忆能力远远高于平均水平。Parr、White and Heatherbell（2002）发现，葡萄酒专家对葡萄酒相关气味的记忆能力明显强于普通葡萄酒饮用者。（不过，这项研究中的普通葡萄酒饮用者都是葡萄酒和食品专业的学生，因此，研究结果可能偏于谨慎。）然而，记忆是可以训练的。是葡萄酒专业知识要求潜在的超强记忆力，还是获得专业知识就是对记忆力的训练？

16 Stevenson（2009）：146.

17 我们将在第二章和第三章中更详细地讨论这些分析时刻和合成时刻。

18 Hume（1987）：238.

19 Along with Sweeney（2008）.

20 Hume（1989）：149 and 267.

21 Hume（1989）：8–9.

22 Hume（1987）：235.

23 这个词组来自 Mark Rowe（1999），我们将在第二章讨论。

24 Sibley（2001a）.

25 即使这样说也过于简单化："和谐"是整体的美学属性，而不仅是两个离散的元素——"平衡"可能是对后者更好的描述。

26 在第四章中，我们将论证"看进"概念比"看作"概念更可取。然而，在这两种情况下，知觉引导的作用是相似的。

27 我们当然承认，审美注意等概念，连同其同类的审美经验和审美态度都是有争议的。在这里，出于介绍的目的，我们基本上假定这种方法是正确的。在整本书中，我们希望让这种方法令人信服，并最终为理解属于任何一种审美鉴赏的认知状态或行为作出贡献。下面，我们将在"项目"一节下更详细地讨论这一问题；然后在第三章和第四章中提出我们的完整论据。

28 在后面的章节中，我们将以杰西丝·罗宾逊（Jancis Robinson）讲述自己的"转变"为例，对此进行更全面的讨论。

29 有关画廊空间重要性的讨论，请参见 O'Doherty（1999）。特别是《画廊空间笔记》（*Notes on the gallery space*）一文（13–34）。

30 我们将在第五章和第六章中探讨品酒的这种公共关键作用的意义。

31 Todd（2010）：111.

32 在葡萄酒语言中，也许相当于"厚概念"。见Williams（1985）：129。感谢奥菲莉亚·德罗伊为我们指出"厚概念"在葡萄酒鉴赏中的存在和意义。

33 例如，请参阅我们在 Burnham and Skilleås（2010）中关于以描述性语言伪装的评价性语言的讨论（恰好与威士忌品尝有关）。

34 Morris（2010）：15.

35 Hume（1989），《人性论》第3卷，第1节。可以说，至少在亚里士多德、康德和功利主义者那里存在类似的区别。

36 现在，休谟会说这种对客体的归属是对语言的误用，因为他认为我的道德认同是一种感觉。这导致他在同一段中将道德品质与洛克的次要品质相提并论，后者"不是对象中的品质，而是心灵中的知觉"。这种比较是错误的，因为我对颜色的感知只是另一个事实，它并不比任何其他事实更能打动我对道德的认同。无论如何，休谟在这里的分析只是以稍有不同的措辞重复了主观与客观的争论。

37 "看作"是维特根斯坦比较传统的说法；正如我们将在第四章看到的，我们更喜欢 "看进"。

38 Sweeney（2008）：215.

39 也许还有更具体的，"来自波尔多的专家"或"受过某种培训的专家"。值得注意的是，葡萄酒评鉴专家有时会受到标准化程度很高的限制：包括制定基准线、在受控条件下轮流工作，甚至用合成唾液漱口。

40 尽管我们中的一位来自"新世界"，但我们都更熟悉古典欧洲风格的葡萄酒，而不是"新世界"葡萄酒。这也反映在我们使用的例子中。

41 Origgi（2007）.

42 Kant（1987），section 20.

43 然而，常识也有别于一种普遍共享但具有偶然性的能力

（如进化美学所假定的能力）。这是因为，在我们看来，虽然开展审美项目的基本潜力可能是先验的，但与之相关的能力和文化材料却不是先验的。

44 Kant（1987），section 7.

45 在第三章中，我们将把它称为"意向对象"。

46 我们将在第三章广泛讨论盲品的本质。

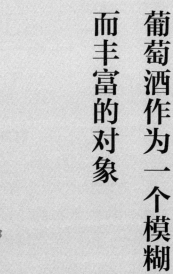

第二章　葡萄酒作为一个模糊
而丰富的对象

前言

　　"葡萄酒是什么？"这可能是一个只有哲学家才会想问的问题，但在这里我们的目的并不是将酒定义为一个概念。不过，在试图理解酒是如何成为审美关注的对象时，我们不妨研究一下酒可能是什么样的对象。在前一章中，我们看到，依据你的"项目"，对象（如葡萄酒）的不同侧面会或多或少地显现出来。除了审美兴趣，葡萄酒可能是众多项目及诸如陈酿潜质评判、[1]菜肴搭配或只是一醉方休等组合项目的主体中心。我们的项目涉及形形色色的对象，而我们可以说葡萄酒能被视为一种"模糊的对象"，因为它有很多特征使得它特别难以评估。然而，一系列涉猎广泛围绕着葡萄酒的实践，似乎旨在克服后者作为一个对象的模糊性，这可能会让我们开始理解与葡萄酒相关的修辞批评的意义。这里出现了一个问题，是否只有杯中的液体与理解葡萄酒有关，为了帮助回答这个问题，我们将构建一个涉及未来的思想实验，其中所有的葡萄酒都可以被分析成微小的组成颗粒，然后在工厂复制并以适中的价格出售给公众。后一项调查证实了本章标题中的第二个主张，即葡萄酒是一种"丰富的物品"，因为葡萄酒的价值不仅在于它作为一种物理物品所固有的属性，还在于文化、历史或社会原因。

酒作为移动的目标

与《牛津葡萄酒指南》（*The Oxford Companion to Wine*）不同，[2]在我们将葡萄酒作为对象的讨论中，我们将把这一概念的使用局限于发酵的葡萄汁，而不包括由葡萄以外的任何东西制成的葡萄酒。然而，这并没有解决围绕着酒作为对象的问题。葡萄酒是一种有机液体，它是"活的"，即使在装瓶后仍会继续进化，因而是一种"移动的目标"。塞尔韦帕娜酒庄2004年的"布克夏尔"（Bucerchiale）珍藏基安帝红葡萄酒，在T_1和T_2时刻由相同的原子组成，而在这两个时间点上的分子是不同的。变化的速度——主要是氧化和聚合等化学反应——不仅取决于温度和搅拌等外部影响，还取决于液体本身的特质。由于我们可以通过嗅觉、味觉或其他方式感觉到的葡萄酒特性并不在原子的水平上，因此可以公平地说，作为我们感觉对象的葡萄酒在T_1和T_2时刻是不同的，只要这种变化显著到足以引起注意。

但什么是葡萄酒呢？或者更确切地说：我们会认为什么才是葡萄酒呢？这个看似奇怪问题的提出有着这样的背景：在酿造一种葡萄酒的过程中，每个试管中的混合物——无论是混合葡萄酒（如波尔多葡萄酒）中的葡萄品种，还是来自不同产地的葡萄——通常都是分开酿造的。分开酿造通常也是随机的：一个桶或一个罐装不下所有的酒，所以选用几个来装。说到最终的混合，究竟试管中的什么成分酿就了塞尔韦帕娜的"布克夏尔"2004、宝马酒庄（Château Palmer）2005年的顶级特酿［而不是第二款"知己（Alter Ego）"］或弗勒利希（Schäfer-Fröhlich）酒庄的Felseneck Riesling Grosses Gewächs 2007？加入特酿的所有物质是否都在一个大罐或桶中混合，然后一次性装瓶？通常我们对此一无所知。例如，弗勒利希酒庄的蒂姆·弗勒利希（Tim Fröhlich）发现，一桶或一罐Bockenauer Felseneck 2007没有发酵出顶级干型葡萄酒（Grosses Gewächse）[3]所需的全部酒精，而是他将其单独装瓶，成为Bockenauer Felseneck Halbtrocken 2007（半干型）。两者截然不同。到目前为止一切顺利。然而，任何葡萄酒如果不是在一个木桶或酒罐中酿造，其各组成部分的发酵和发展过程都会有所不同。[4]大多数我们称之为优质葡萄酒[5]的葡萄酒是由本土酵母制成的，这些酵母对成品葡萄酒的感官特征有很大影响，[6]不同的酵母菌株可能在某个桶或罐中发挥主导作用，但在另一个桶或罐中却未必如此。他们由此得到不同的感官特征。[7]如果生产商在装瓶前没有把所有的葡萄混合在一个桶里，而是在装瓶过程中按既定配比将桶或罐中的各种葡萄装瓶，那么装瓶过程中不同阶段的瓶子之间的感官差异就可能相当大。[8]

　　所有这些都意味着，目前我们所称的葡萄酒——来自生产商在特定年份的特酿——一旦装瓶就不再是单一的产品。一旦装瓶，葡萄酒的变化或多或少是可以预测的。就像人类一样，好酒往往在前期趋于生涩不讨喜，进而渐次成熟，最终衰退和消亡。然而在这个波动趋势中，可能会发生令人惊讶的巨大变化。液体中、瓶内液体上方、软木塞中甚至通过软木塞或其他堵塞装置的氧气是这些变化的主要因素。直到最近，人们对葡萄酒的氧气瓶和软木塞的容量知之甚少。新技术的引进使得精确测量成为可能，甚至在同一天同一条装瓶线上的葡萄酒中，氧气吸收水平也有惊人的差异。[9]装瓶后的瓶中的氧气含量会有很大的差异，储存条件（主要是温度和湿度）的差异将快速确定同一特酿的多样性。因此，有了最新的测量技术，我们不仅重申"没有好酒，只有好瓶"这句老话，还能知其所以然。训练有素的品酒师可以评估分装于不同瓶中的同种葡萄酒之间的差异。

2010年9月11日，欧洲大评酒团（Grand Jury Européen）的14名成员齐聚巴黎，品尝6种葡萄酒，并做笔记和打分。[10]在飞行途中这些酒被端上供评酒团成员盲品。它们都是Château Léoville Poyferré 2001，但来源各不相同。其中两个来自乐夫波非酒庄酒窖，另外四个来自德国、瑞士、中国香港和美国。每瓶酒的平均得分在87～91分，14名资深品酒师的一位在笔记中写道："1.味道重（和）烟味，口感有点酒精味，但算得一款好酒。2.原汁原味……层次丰富……很有档次。3.口感温和的葡萄酒，与前一款相似，但单宁不够柔和……4.……似乎没有前者的活力。"[11]听起来不像描述同一款酒，但确实是。这种情形昭示出葡萄酒种类各异，品酒师对此明察秋毫，这些我们将在第三章讨论。不过，结果仍然表明瓶装酒之间差异确实存在，即使我们没有完全了解其成因。[12]

那么，在某种程度上，葡萄酒的"移动目标"特性——除了氧气之外，可能还有其他因素在起作用——使葡萄酒成为唯名论者的梦想，因为每一瓶葡萄酒都可能与下一瓶有质的不同，而不仅是数量上的不同。然而，无论主要由时间、温度还是氧气驱动——所有这些因素都可能涉及其中，所有的变异通常被认为从单个成品特酿而来，即便我们刚认识到情况可能并不总是如此。在我们被唯名论的诱惑冲昏头脑之前，我们必须认识到谈论葡萄酒仍然是有意义的，比如谈论珍藏基安帝红葡萄酒"布克夏尔" 2004，而不仅是单瓶葡萄酒。变化始于瓶装的葡萄酒，变化就像是葡萄酒中各种可能性的分别变现，因而"属于"特酿，也属于我们在其生命周期中对其不断发展的理解。[13]这一演变进程，至少从释放到成熟，是真正的教育体验和实际能力养成的核心要素。虽然存在个体差异，但随着时间的推移，葡萄酒也会有相当可预测的演化——通常称之为成熟。成熟在感官层面上并非一个线性的过程，许多葡萄酒——尤其是红葡萄酒——会经历一个"无声"阶段，在此期间只能检测到葡萄酒单宁的干燥效果。这仅仅意味着葡萄酒鉴赏必须考虑一系列不同的因素，而并非指深度谈论葡萄酒或养成品酒能力是不可能的。成熟的标准模式和瓶装酒演化现象的知识是我们所说的文化能力的一部分，有能力的品酒师知道他们必须考虑这里讨论过的现象。

　　然而，葡萄酒的"移动目标"特性并不囿于它们在瓶中的演变。它们也是在一杯葡萄酒中生成的。你杯子里的酒比瓶子里的液体体积小，会更快接近环境温度。不同阈值的分子将变得具有挥发性，并使液体易于被品鉴者吸入。这不仅是温度的功效，也是时间的作用。较重的分子往往需要更长时间才能挥发，从而"脱离"液体。在时间T_1打开的葡萄酒很可能在时间T_2和T_3对品酒师来说是不同的。几秒钟、几分钟或几小时内可能会出现明显的差异。葡萄酒在整个晚上保持"一成不变"非常少见，但这种情况确实发生过。因此，有理由将葡萄酒视为移动的目标，即使在单一环境中亦是如此，葡萄酒作为审美对象随着时间的推移而迸发出令人惊喜的美感。这远非客观认知障碍，而应被视为其作为审美对象的部分前提条件。专家品酒笔记对葡萄酒爱好者群体的影响可能会模糊葡萄酒鉴赏的这一特征，在大型品酒会上，每种葡萄酒都得不到一分钟的关注，品酒笔记中捕捉到的印象必然会受到严重局限。

　　常见的葡萄酒鉴赏场景犹如一张快拍照片定格于品

鉴笔记和打分的某个时刻——而不是一部整晚播放的长篇电影，其间敏锐的品评者感受着优质葡萄酒散发的各色嗅质（odorants）[14]，由此改变了葡萄酒的多重感官品质。这些与照片和电影的类比远非完美——尤其因为一小口葡萄酒可能比整部电影的一帧镜头画面更能揭示酒的品质，但我们觉得，葡萄酒在杯中或酒瓶中的历时流变是一个令人遗憾的被忽视的审美命题。我们认为，葡萄酒作为审美对象不该被视为一个问题，而是它作为审美对象的前提条件。我们将在后面的章节中进一步讨论这个问题，但就本章的主题而言，值得注意的是，葡萄酒是一种可以在较长时间内显示出不断变化的审美属性的物品。

葡萄酒作为一个模糊的对象

嗅觉

嗅觉或嗅闻，在葡萄酒鉴赏中至关重要。任何患有严重鼻塞的人都会经历这种情况，鼻塞不仅阻塞了外通路——又叫鼻前通路（orthonasal passages），还阻塞了内通路——又叫鼻后[15]通路（retronasal passages）。幸运的是，如此严重的感冒很少见，但感冒时失去嗅觉却很常见。其实并未丧失，而只是通往鼻腔的两条路都被堵塞住了。在葡萄酒鉴赏中，鼻后嗅觉和味觉通常被认为是"相同的"。我们谈及这些目的是强调这两种嗅觉对于葡萄酒综合感官品质的重要性，因此，在讨论葡萄酒时，需要更详细地考察嗅觉。

在日常生活中，气味经常引起即时反应——它们标志我们要避开或靠近的东西。例如，我们可能闻到牛奶变质，或者尿布需要换了。虽然我们对一些气味有积极的反应，但公平地说，气味及其识别对于多数人来说并非头等重要。在柏拉图的《斐德罗篇》（*Phaedrus*）中，苏格拉底指出"在所有通过身体传入我们的感觉中，视觉是最敏锐的"，[16]现代科学对此有定量化测算。据估计，大约50%的大脑皮层被"视觉"区域所占据。[17]然而，我们的嗅觉似乎并不那么敏锐——当然与其他哺乳动物如老鼠和狗相比更是如此，普遍的观点似乎认为，在我们作为物种的进化过程中，视觉和嗅觉之间一直存在一种平衡。老鼠有多达1300个气味受体（odor receptor）基因，其中约1100个功能正常，[18]但人类有约1000个气味受体基因，突变使其中的大多数变得无用，因此，我们只有347个正常功能的基因。[19]我们可以推测，我们作为一个物种的发展，成为两足动物，更多地依赖视觉而不是更接近地面时最有用的感觉，对我们嗅觉的进化产生了影响。显然，嗅觉是唯一不通过丘脑（thalamus）与我们进行意识处理的新皮层（neocortex）[20]相连的感觉，因此，气味没有直接通往该区域的神经元路径。来自我们嗅觉的脉冲通过第一脑神经传播，直抵杏仁核（amygdala）和海马体（hippocampus）。简而言之，大脑的这些区域在很大程度上参与了情感和嗅觉记忆[21]。

我们注意到，嗅觉在品酒中最重要的是让我们想起患上严重鼻塞[22]的经历，以此来解释嗅觉对于我们所认为的味觉的重要性。在遭受这种痛苦的时候品鉴和饮用葡萄酒是一种奇特的体验，好比听一支除了打击乐手外所有人均离场的管弦乐队演奏的交响乐一样。嗅觉的重要性意味着，我们与葡萄酒互动的一个重要组成部分，首先是在杯中品尝的酒液表面形成的挥发性化合物，其次是酒液进入口腔并被口腔热量加热后在口腔中释放的挥发性化合物。无论通过鼻子吸入还是在口腔中释放，气味物质都被吸入嗅球（olfactory bulb），在那里分子与覆盖在鼻子气道顶部受体的黏膜相互作用。真正的感受体看起来像毛发，伸入黏液中。关于嗅觉实际上是如何发生的尚未有定论，但科学家们假设分子将自己附着在专用的受体上——称为纤毛的毛发状突起，这种连接通过嗅球经由第一脑神经传递到大脑。人类鼻子中被感受体覆盖的区域并不是特别大——每个鼻孔大约有一张邮票那么大，而一些哺乳动物，特别是狗和老鼠，有着令人印象深刻的大面积覆盖。即使人类的嗅觉灵敏度比不上老鼠或狗，我们的嗅觉也能探测到每升空气中少于千万分之一毫克的一种麝香。[23]但这些科学事实是否意味着我们人类在气味探测方面相对较弱？这些生理和数字上的考量是否等同于定性的结论，即人类失去了嗅觉？结果似乎是，我们的大脑构造并非特别适合处理气味印象——我们只是有先天缺陷。但受体大小和生理结构可能不是嗅觉的全部。

　　这里我们有理由重新考虑例证，把重点放在功效上，而不是数字和生理方面。比苏尔科和斯洛特尼克（Bisulco and Slotnick）使用实验室常用老鼠，证明它们辨别气味的能力不会因其气味受体[24]的诱导损伤而受到严重损害——这表明受体的数量对嗅觉识别几乎没有影响。马蒂亚斯·拉斯卡等人（Mathias Laska et al.）对非人类灵长类动物嗅觉检测的研究表明，"物种间神经解剖特征的比较是嗅觉表现的不良预测因素"，[25]这导致戈登·谢泼德（Gordon Shepherd）要求更广泛地考虑人类的嗅觉能力，并将其与完整的行为背景相结合。[26]谢泼德指出，其他哺乳动物在它们的正鼻腔中有非常复杂和精细的过滤系统，这些系统既充当天然空调，又保护鼻腔免受感染。然而，这不是唯一的影响，因为气味分子被吸收到上皮内层。因此，这些动物数量较多的嗅觉感受器，最多只能补偿过滤过程中损失的气味。啮齿类动物像人类一样，过滤机制较少，几乎患有慢性鼻炎。这意味着人类在嗅觉方面并不像嗅觉受体的数量所显示的那样处于劣势。人类也有其他的补偿，主要是鼻后嗅觉，与其他哺乳动物相比，鼻后嗅觉为人类提供了更丰富的气味库，[27]但论及味觉、嗅觉或躯干体感时，就容易混淆不清。[28]我们闻起来熟知的气味到了嘴里却很难识别。[29]

然而，我们与其他哺乳动物的主要区别在于认知推理能力。其一是探测——嗅觉的生理机制，其二是如何处理输入信息。人类大脑中处理嗅觉输入的区域比通常所知的更广泛，[30]当处理更复杂的辨识气味的任务时，我们会启动记忆，这样也涉及颞叶（temporal lobes）和额叶（frontal lobes）。除此之外，人类还具备特有的高级联想机能。所有这些生理信息导向的结论是，正如亚里士多德所下的定义，人类是理性的动物，我们运用认知能力来辨别气味及其在品酒中的重要性。其他哺乳动物通过嗅觉寻找可食用的食物，以及用于交配繁衍。有人可能会说，这是基本的"个体和物种的生存"本能。人类烹饪、制作和组配菜肴的由来，以及与我们最息息相关的发酵饮料的制作，使得我们注意到了潜在的更丰富和更复杂的一系列气味和味道。从进化的角度来看，这些发展是相当近期的，[31]它们对人类的意义超越了基本生存。只有当人类反思、比较并养成更高层次的推理能力时，来自嗅觉、味觉和触觉的感官输入才能对我们产生美学意义。

　　人类对气味的敏感度差异很大，有些人对某些气味的敏感度是其他人的100倍。然而，针对气味敏感度的科学研究乃至对单个分子的检测，除了裁定软木塞污染（2，4，6-三氯苯甲醚）等缺陷之外，与对品酒判断并不完全相关。"在所有对葡萄酒专家和新手的嗅觉阈值进行评估的研究中，没有发现……敏感度有显著差异。"[32]此外，葡萄酒不是一种"单分子"现象，而是一种高度复杂的现象，涉及数百种不同浓度的挥发性分子。当气味的数量增加，我们识别其中任何一种气味的能力都会变差时，我们的探测能力又会发生什么变化。利弗莫尔（Livermore）和莱恩（Laing）发现，识别混合物中一种分子的能力随着不同分子数量的增加而急剧下降。在三种或三种以上气味的混合物中，只有不到15%的人能分辨出其中一种成分，[33]而且没有人——即使是训练有素的调香师——能分辨出四种以上的气味。[34]

　　超级味觉者[35]是存在的，他们擅长辨识某些轻度稀释的分子。生理学家认为，超级味觉者不一定更擅长品

酒。事实上，他们往往对（来自酒精）的涩感和热力望
而却步，压根儿没觉得葡萄酒令人愉快。[36]在任何情况
下，与嗅觉相比，味觉提供给我们的信息相对较少，[37]
正如我们所看到的，葡萄酒专家和新手在敏感度方面没
有显著差异。然而，更具挑战性的是选择性嗅觉缺失。
几十种特定的嗅觉缺失症中的每一种都会影响多达75%
的人口，所以虽然每个人都有大约350个嗅觉受体，但
我们不一定和下一个人有相同的350个。[38]因此，在品
酒中患有某些特定嗅觉缺失症似乎很常见，澳大利亚
的一项研究[39]发现，五分之一的受试者没有辨识出西拉
酒的标志成分——莎草薁酮（具有典型的"胡椒"[40]香
气）。[41]然而，我们并不确定这样的结果之于葡萄酒美
学品鉴是否比7%的男性是红绿色盲这一事实在绘画美
学领域所造成的恐慌更令人担心。而且在任何情况下，
西拉葡萄酒中所包含的众多元素中，一个元素并不足以
妨碍对这些葡萄酒的欣赏。如果我们回访休谟的故事中
桑丘的亲属，[42]我们会记得，他们发现了葡萄酒中不同
的另类元素，分别是皮革和铁，但他们都认定无疑葡萄
酒是优质的。一个元素的检测与否，即使它是一个标志

性元素，并不能将其从鉴赏界排除在外。

气味与味质的组合叠加往往会产生低相加性（hypoadditivity），即一种气味的强度因其他气味的存在而降低[43]——增强与抑制交相更迭的多模态模式则更加复杂。[44]问题是生理差异解释了为什么有些人永远不能胜任品酒师，却不能反过来解释为什么有些人能胜任。

从复杂的混合体单挑出一种特殊气味的问题可能解释了为什么嗅觉感知的核心过程是模式识别。"即通过比较处理系统的输出……与之前存储的肾小球"[45]模式来实现的。如果匹配，就会产生离散的嗅觉感知。当无法匹配时，产生的则是模糊的有缺陷的感知。[46]这种处理模式会导致化学成分信息的缺失，使得对单一化学成分的不同敏感度与葡萄酒的感知与判断之间关联分离。值得注意的是，要成为一名专业调香师，最重要的技能不是学会像调香师一样去嗅闻，而是像调香师一样去思考。在熟谙具体气味之前，他们先研习模式识别香气的种类。森林可以说比树木更重要。[47]这似乎与我们在第一章中强调的实际能力相一致，使那些广泛接触，并熟谙葡萄酒类别的人受益，因而获得清晰的认知。即便如此，我们仍然有理由认为酒确实是一种模糊的对象。

就人类脑力而言，我们仍然很难用语言来描述气味或味道。对这一现象的某些解释来自"不同的气味在嗅球[48]中由不同的嗅球活动模式表现出来"。[49]气味或多或少表现为图像，[50]它显露出来，并且可以被认为类似构成面部视觉图像的复杂模式。我们能在一瞬间认出人群中的一张脸，但是我们很难用语言来描述这张脸，以将它与人群中所有其他的脸区分开来。气味亦是如此——我们努力用有意义的方式描述它们，并将其与我们已知的和以前经历过的东西结合起来，尤其遇到复杂的气味时。这正是葡萄酒鉴赏的意义所在。不论从神经生理学的角度，还是从经验的角度来看，我们有理由认为闻到的所有对象都是"模糊的"，而葡萄酒正是嗅觉至关重要的对象。

多模态感知

我们与葡萄酒互动的第二个模糊来源于我们感知葡

萄酒的多模态[51]特性。到目前为止，我们有充分的理由强调嗅觉，但其他感官确有参与其中。虽然"味道"或"风味"通常被用作食物和葡萄酒的综合感知代名词，但严格地说，"味道"是嗅觉的伴生化学感知。在这个意义上，我们习惯于认为"味道"仅限于咸、苦、甜、酸，但也要考虑到鲜味。这些味道的感觉受体主要在舌头上，但不仅在舌头上——它们扩散到口腔内外。[52]一款闻起来很好的葡萄酒，如果"口感"（主要是触觉）不佳，仍然会被认为是劣质的。葡萄酒的总体感官效果涉及多种感官，除了嗅觉和味觉之外，还须考虑视觉[53]和触觉，以及"热"（来自酒精）的感觉。同时对一种感觉的几种反应趋向于低相加性，即或因反馈集中，一种气味或味道的强度被另一种气味或味道的加入所降低。[54]不同感官的反应也可以有一系列其他的影响，例如一种感官反馈可以增强对另一种感官的感知。人们可以通过在舌头上滴一滴糖精来显著提高他们检测苯甲醛（杏仁的气味）的能力，[55]同时对于成年人来说，通过使用颜色可以增强味道强度。[56]这些及其他诸多感官之间的互动涉及对葡萄酒的感知，这可以解释为什么我们很难厘清印象并将注意力引向相关方向，以及为什么将葡萄酒作为一个模糊的对象来探讨是有意义的。

该议题的复杂性也是如此。正如我们所见，挥发性化合物的数量——我们可能在葡萄酒中闻到的挥发性化合物——超过800种，[57] 加上视觉、味觉、热力和触觉的反馈，这些对品尝者的综合感官影响是一个复杂的问题。在没有任何非嗅觉线索的情况下，人们很难辨识出气味，而且随着一系列感官反馈的生成，存在"多模式干扰"的风险。品酒的多重感官反馈造成体验过度的尴尬，由此很难知晓如何及在何处予以关注。

特定感觉的多感官环境对于与该感觉如何或是否被记录有着巨大的影响，一个合格的品鉴者将不得不尽其所能补偿这种环境影响。简而言之，嗅觉的感官特性之于品酒的重要性，以及我们对葡萄酒感知的多感官性，似乎都证实了我们的观点，即葡萄酒是一个模糊的对象，也是一个移动的目标。虽然这显然至少有时是品酒须清除的障碍，但它也可能是一种资源，优质葡萄酒从来都不仅是诸感官性的集合。我们将在下文讨论葡萄酒鉴赏实践及其如何构建鉴赏对象时探讨"障碍"问题。

然而，我们首先必须斟酌一个论点，即葡萄酒作为品鉴对象的构建是不可能的。

意义

在《审美判断的客观性》(*The objectivity of aesthetic judgements*) 一文中，[58]马克·W. 罗威 (Mark W. Rowe) 声称："没有一种批评性修辞……适合于讨论葡萄酒的味道或丁香的气味。因其不可拆分，直接体验不能被执行智力模式化，为此目的的说服是多余的。"[59]根据罗威的说法，我们之所以能够更多地谈论贝多芬奏鸣曲而不是葡萄酒的味道，是因为"审美感官的对象分布在空间、时间或时空场域中，因此谈论上/下、左/右和前/后是有意义的……这部分对象可被执行智力模式化"[60]。我们且不去管紫丁香，但我们坚持认为，罗威关于讨论葡萄酒味道的观点是错误的。葡萄酒品鉴的运作使得品酒师尽情使用一种基本的批评性修辞，这种修辞旨在通过感性引导来理解和评价审美对象。让我们暂且接受罗威关于事物的可拆分性、智力模式化的可能性、批判性修辞和说服的可能性，以及最后得出审美判断的可能性之间的内在联系的主张。葡萄酒鉴赏的审美实践所规定的条件，使葡萄酒能够被感知为一个对象，它的各个部分和关系可以被审美地认识、再现、评价和讨论。只有当这种对葡萄酒鉴赏的可传播性的误解得到纠正，我们才能将葡萄酒鉴赏作为与文学、艺术和音乐等经典艺术形式齐头并进的审美实践放在同等地位上讨论。

葡萄酒鉴赏的审美实践旨在最大限度地发挥葡萄酒的审美潜力，并促进交流和应用所培养的能力。这种做法在醒酒和通气方面有不成文的规定，但在品酒用的酒杯的形状和大小方面，其实也有成文的规定，至少是成文的观念，我们认为在讨论葡萄酒鉴赏的基本特征之前，有必要先重点介绍一下酒杯的重要性。法国法定产区管理局（French Appellations Contrôlées，缩写为INAO），认识到酒杯的重要性，并在1970年左右正式授权制作了一个品酒杯。这是由一组专家设计，旨在让品酒师的意见更加协调一致。[61]实际上，这种玻璃杯现已成为业界标准，得到了国际标准化组织（International

Organization for Standardization，缩写为ISO）的认可。标准化的原因显而易见。酒杯的形状和大小会对葡萄酒的口感产生至关重要的影响，从而使主观间的判断成为可能，并使对同一种葡萄酒的体验更加相似。不同杯子里的葡萄酒味道各异，原因在于关键参数有所不同：表面积、酒体上方的空气体积及酒体与表层的比例。常规性实践已经发展到确保审美鉴赏有可识别的对象，并对其做出具有主体间有效性的判断。这些常规做法与物理和生理事实有着非常直接的关系，就像我们上面讨论的那样，也与葡萄酒的生化反应有关。

虽然ISO标准玻璃是一项旨在促进不同葡萄酒之间主观间性判断的发明，但其他近期成果却朝着相反的方向——走向多元化。奥地利玻璃制造商里德尔（Riedel）与葡萄酒商密切合作，开发了一系列适合不同葡萄酒的玻璃，其他玻璃制造商也纷纷效仿。这些杯子利用不同的形状和大小来优化不同葡萄酒的特性，甚至像经典基安帝（Chianti Classico）和蒙塔希诺·布鲁奈罗（Brunello di Montalcino）这样相似的葡萄酒也被赋予了不同的杯子。这种流程必须基于对某些种类的葡萄酒的理想特性的共识，尔后再看玻璃杯的形状和大小如何有助于强调这些特性，从而使一种葡萄酒的一组理想特性优于其他。例如，勃艮第红葡萄酒的酒杯比大多数其他酒杯更大更宽。我们认为这是因为勃艮第红葡萄酒以其香气四溢而驰名。在玻璃杯边缘下方，酒体上方的宽大表层和充足的自由空间允许各种挥发性分子离开酒体而滞留在杯中，从而为品尝者提供更宽泛的香味。并非所有酒杯都是这种大小和形状的原因是，宽口杯对葡萄酒的味道有负面影响。勃艮第红葡萄酒酸涩味重，而这种"权衡"兼顾到了这些特性。这也是一个很容易在家里进行的实验：只需拿一瓶10年左右的优质勃艮第红葡萄酒，依次倒入一个宽口杯及一个高而窄的酒杯里闻一闻再喝下。在这两种情况下，葡萄酒的感官效果大相径庭，即便勃艮第葡萄酒的鉴赏可能会受益于里德尔和其他人制作的玻璃杯，但葡萄酒贸易对宽泛比较的要求会促使标准化和ISO标准玻璃杯的使用。由于所用的玻璃杯对于葡萄酒的口感至关重要，我们认为不同葡萄酒的品尝记录应该注明所用玻璃杯的类型。

葡萄酒生产商也了解葡萄酒鉴赏者所使用的玻璃杯

的形状和尺寸，这使得他们不太可能酿造出用相关玻璃杯品尝时看起来不是最佳状态的葡萄酒。因此，葡萄酒鉴赏实践所带来的标准化甚至会对葡萄酒的生产产生影响。玻璃杯的演化给里德尔等人带来了商业利好，因为发烧友们不得不购买更多的玻璃杯，而它们的存在也凸显在葡萄酒鉴赏实践中对形形色色的葡萄酒的普遍与理想特征有着广泛的共识。这一共识本身表明了葡萄酒鉴赏的群体性，但同时也表明，至少在酒杯的基本层面，在标准化与优化葡萄酒多样化特征的愿望之间的利益冲突，尚未形成确定的共识。个体品酒师或品酒团体都有权决定是否该要一个杯子来增强单一类型葡萄酒的理想特性，比如勃艮第红葡萄酒。因此，在审美的改善需求及提供主体间判断的一般品尝条件的愿望之间可能会出现冲突。[62]

罗威的核心论点是葡萄酒中不存在"部件"。没有部件，葡萄酒就无法用智慧来塑造，也就无法使用任何批判性修辞来达到这一目的。然而，品尝葡萄酒时，首先要看酒杯中的酒，因为视觉吸引力很重要，然后是旋转、闻酒香——所有这些都是在酒还在杯外的情况下进行的，最后才是将酒放入口中。在这里，食物经过口腔咀嚼、咽下或两者兼而有之后，才被吐出或咽下。这一过程既是自然发展的结果，也是实践的结果。作为实践的一部分，这种排序使我们有可能谈论从"初闻"（闻酒而不先搅拌）到回味的不同位置所注意到的味道或香气。这就赋予了品酒过程一个持续时间和进程——时间维度，同时也可以将味道和气味确定为空间位置。这两点都直接反驳了马克·罗威关于葡萄酒缺乏可被智力模式化的部分的说法。这一点的重要性不容忽视。

在这里，我们已经看到，葡萄酒是一个模糊的对象，其参数范围很广，而且，无论是在瓶中的数月或数年，还是在杯中的一次品尝，葡萄酒都像一个移动的目标，这进一步阻碍了智力对其的"捕捉"。葡萄酒的各个部分或元素最初并不是在空间、时间或任何其他感官领域中形成的；此外，由于很难学会形成适当的临界补偿，与依靠视觉或听觉进行鉴赏的做法相比，品酒可能更容易受到外来因素的影响。因此，品尝葡萄酒的时间顺序还有一个额外的好处，那就是它提供了一个便于明确定义的顺序。在品尝笔记中，我们会发现诸如"入口""中味""口感"和"余味"等术语。这一序列有助于葡萄酒鉴赏的主体间团体识别葡萄酒的元素，并在需要佐证其审美属性的判断时，运用批判性修辞将注意力引向评估对象相关的特征。

在下一章中，我们将研究这些能力与葡萄酒的感知和鉴赏之间的关系。在进行这项研究之前，我们还需要进一步确定葡萄酒作为一种物品的特性。我们要确定我们真正看重的葡萄酒是什么——它仅仅是我们在酒杯中品尝到的液体，还是我们可以称之为"丰富之物"的葡萄酒：它不仅因其作为实物所固有的属性而受到重视，而且还因其作为葡萄酒现象的整个背景所包含的文化、历史或社会原因而受到重视？为此，我们将做一个思想实验。[63]

2030年——一个思想实验

哲学家经常使用思想实验。笛卡儿和他的邪恶精神为现代哲学奠定了基础，许多人都以他为榜样。思想实验的价值是一个悬而未决的问题。一些人声称思想实验结合了严格的论证和令人难忘的意象，但其他人，如丹尼尔·丹尼特（Daniel Dennett），则持更为怀疑的态度。丹尼特称，对于许多他称之为"直觉泵"的思想实验来说，"它们的意义在于让读者进行一系列富有想象力的思考，最终得出的不是正式的结论，而是'直觉'的指令"。[64]呼唤直觉泵的动机很少是为了欺骗读者，但其效果就是如此。

当然，我们的目的不是通过操纵直觉来说服读者接受某个特定的立场。然而，我们希望通过绘制两个发生在未来不同时段的反事实场景，梳理出或许是确认一些关于葡萄酒的一般性直觉知识。我们想通过颠覆葡萄酒世界来挑战并澄清一些关于当今葡萄酒的普遍执念和直觉常识。

第一个场景设定在2015年，它主要涉及我们对葡萄酒成分的了解程度，而2030年的场景建立在2015年的场景基础上——在没有葡萄树、葡萄和酒商的情况下，通过2015 年可用的方法分析，复制出葡萄酒的精确副本。

2015年的情景

　　2012年的光谱分析技术还不尽如人意，但三年后，可以确定液体中每种分子及其数量的新技术问世了。因此，现存的每一瓶葡萄酒都能被分析得一清二楚。从酒精等主要成分到复杂的有机化合物或微量元素，一切都在2015年被揭示出来。所有葡萄酒成分的全貌都可以呈现出来，而不仅是每升葡萄酒中含有多少克糖、多少克酸及其他参数。这意味着葡萄酒的发展过程也可以绘制成图表。从现在起，葡萄酒的成熟和发展可以被精确地识别出来，但由于这些分析方法尚属新生事物，如果有任何启示的话，那也是未来的事情。

　　这种知识更新状况会带来什么后果？首先，我们熟悉的瓶子差异问题可以被精确地识别出来。正如我们所见，从2009年开始，越来越多的传闻性证据表明，同一天同一条生产线上装瓶的同一种葡萄酒，在游离氧含量方面存在显著差异。[65]对葡萄酒的欣赏总是液体和品酒师之间的互动，但是作为品酒师，我们倾向于假设在相当短的时间内（比如在一两个星期内品尝两瓶相同的葡萄酒）葡萄酒体验的任何变化一定是由于葡萄酒的变化，而不是品酒师的任何改变。考虑到2015年设想的精确度，我们可能会被迫重新考虑品尝者差异的范围，这对于感官科学、心理学和哲学来说都是有趣的议题。我们或许首次可以更接近于确定现在被认为是瓶子变异的东西中有多少确为品尝者的差异。

2015年的分析精确度也可能会加强葡萄酒的唯名论立场：没有葡萄酒，只有酒瓶。它甚至可以让我们更进一步。结果可能是（如果品尝者的差异显然是主要因素），只有单一的体验。但这一场景并未解决古老的形而上学争论，而是突出了一个主要问题：葡萄酒爱好者真正关心的是什么？是酒体成分的细微差别，是判断的严格客观性，还是品尝和饮用的完整体验？我们在这里提出的方式让答案变得显而易见，但当我们稍后转向2030年的情景时，答案可能变得不那么明显。

从定义上来说，确实毫无争议，相同的葡萄酒会给我们提供相同的品尝材料。但在这种情景下，结果很少是完全相同的——毫无疑问，为了精准性品尝评价起见，要全面确定多少微小的差异等于无差异要困难得多。同样的酒，即使从装瓶之日起就存放在同一个房间的同一个箱子里，时间越久，差异越大。这似乎是我们的一个额外假设——超出了场景本身的保证范围，但即使在今天，我们对瓶子之间的差异及瓶子中不同氧气水平的长期影响已经知道得太多了，所以这些假设完全符合场景。

然而，掌握葡萄酒的精确化学成分将会开启一个老问题，即我们是否可以仅凭事实来判断一款葡萄酒——或任何其他审美对象。在2015年的情景中，专业品酒师和评论家会变得过剩吗？毕竟，对象及其所有组成部分将以完全客观的方式展现出来。而综上所述，我们已了解品尝和饮用的酒不是瓶中或杯中的酒。首先，我们很难甚至不太可能从葡萄酒的分子分析中确定哪些及多少分子会出现在杯中酒上方的空气中。对此的影响因素来自诸多方面，包括温度、气压和上菜前玻璃杯或瓶子的搅动。葡萄酒是醒过吗？多长时间？一旦进入品尝者的口腔，重要因素的数量就会成倍增加。我们在上面概述了一套几乎总被遵循的与葡萄酒相关的实践，这将在大多数情况下限制因素的数量。也许，在对许多情况进行比较后，就可以做出大致的假设。不过，显而易见的是，我们体验到的并不是瓶中的葡萄酒，而是葡萄酒与我们感官的互动。

即使是在 2012 年，也可以了解葡萄酒的一系列重要信息，如残留糖分和酸度水平。然而，来自邻近葡萄园的葡萄酒，[66]同年生长，品种相同，同样的葡萄酒农民，这些参数均为相同，品尝起来却滋味各异。大卫·席尔德克内希特（David Schildknecht），罗伯特·帕克（Robert M. Parker Jr）的《葡萄酒倡议者》（*The Wine Advocate*）的评论员，曾用采自摩泽尔河地区泽灵格日晷园（Zeltinger Sonnenuhr）和温勒内日晷园（Wehlener Sonnenuhr）的雷司令葡萄酒作为例子。[67]它们大体上是同一个葡萄园，尽管分布在两个村庄，但重要的是，来自这两个葡萄园的葡萄酒总是比来自附近其他葡萄园的酒味更淡——例如，温勒内克罗斯特山（Wehlener Klosterberg），它们的残留糖分和酸度值完全相同。可想而知，2015 年先进的分析方法将揭示这一现象的全部原因，但我们仍然犹豫不决，但我们仍然不敢断言这些方法可以告诉我们葡萄酒的味道。

在被说服之前，我们认为只有品尝才能了解葡萄酒的味道。这是真的，即使我们所说的"味道"指的是感官效果。然而，当味觉被更狭义地理解为审美辨别和判断时，它仍然更明显地依赖于人所品尝的葡萄酒。任何精密的仪器都不太可能确定一款葡萄酒是"天鹅绒手套里的铁拳"——这是对勃艮第蜜思妮特级酒庄（Grand Cru Musigny）出产的葡萄酒经常使用的评判标准。随着分析方法的完善，我们也许能够从更广泛的事实中对葡萄酒的味道做出更好的预测，但是关于布丁好坏的老生常谈仍然适用于葡萄酒的味道品鉴。

2030年的情景

15年过去了，今年是2030年。多年来，拥有合适设备的科学家已经能够完整揭晓出任何一瓶我们称之为葡萄酒的液体的生化成分，并且该液体的任何一个分子都不会超出科学探索的强光。他们不仅能够证明2015年的一瓶拉菲古堡1990（Château Lafite 1990）和2020年的同一瓶酒在分子水平上是不同的葡萄酒，而且还能准确地说明这是如何产生的。这进一步证明了唯名论者的观点，即你不能两次品尝同一种葡萄酒。通过三维动画展示葡萄酒在聚合和其他化学反应中的发展过程，可以让人在葡萄酒的发展之河中畅游。

2030年情景的新特色是能够从其综合分析的配方中复制任何葡萄酒。与品尝上述拉菲古堡1990（以及其他任何分析酒）不同发展阶段的酒相比，三维动画影像的液态时间穿梭滑行所带来视觉的愉悦感都显得微不足道。由于当时糟糕的科学水平，任何处于2015年之前发展阶段的葡萄酒都不可能重现，但在这关键的一年之后，如2020年、2025年和2030年，葡萄酒发展的所有阶段都有可能重现。由于葡萄酒在不同的发展阶段表现出分子和感官上的不同，由此可根据葡萄酒成熟的阶段进行复制。因此，根据对2015年、2020年、2025年、2030年及这期间所有年份的分析，你可以复制Domaine Georges Roumier Musigny 2005。这样，你可以去购买Roumier Musigny 2005/2020 ™及2005/2030 ™，以及其间所有年份的酒。

这种情景的基本前提是，葡萄酒的原件和复制品在分子上是完全相同的。当购买成品酒时，你从瓶中得到的和倒入杯中的都是彼时被解析的原瓶中的一个完全相同的复制品。盲品结果表明，没有人能分辨出真假。来自最好酒窖的 Roumier Musigny 2005 按传统方法用葡萄酿制，而由聪明的科学家酿制的仿制品则无法被训练有素的品酒师分辨出来。Roumier Musigny 2005的原版在 2030 年时价格不菲，但在这种情况下，仿制品现在可以大规模生产，售价与价格适中的优质葡萄酒（如最近年份的经典基安帝）相同。在 2030 年的设想中，我们将有机会在有生之年不断品尝到同样成熟度的完美佳酿，而且可能的选择是惊人的。世界上每一位葡萄酒饮用者和爱好者都为之欢欣鼓舞。

其中一个原因是，有史以来第一次，人们可以在同一次品尝中品尝同一款处于不同发展阶段的葡萄酒。10年陈酿的玛歌酒庄2005（Château Margaux 2005）和玛歌酒庄2009可与玛歌酒庄2005/2015™和玛歌酒庄2009/2009™一起品尝，同样的葡萄酒也可以作为垂直品品尝——例如有一批博卡斯特酒庄2007（Château Beaucastel 2007）的几个版本（或许该说正在清盘？）

如博卡斯特2007/2015^{TM}、2007/2020^{TM}、2007/2025^{TM}和2007/2030^{TM}。在阶段进程中建设葡萄酒库是可能的，但复制品——假设它们与原作相同，并且储存条件相同——一旦发行就会以同样的方式发展。[68]不仅液体本身必须相同，而且如果我们指望葡萄酒在瓶中陈酿时的发展遵循原始的轨迹，该方案还必须假设所用软木塞的化学性质和组成的重建是可能的，软木塞下的空间，甚至瓶子的组成、颜色或形状的相关性质也同样如此。

这种情景的好处之一是可预测性。我们这些对优质葡萄酒充满热情的人都经历过起起落落，对于一些葡萄酒产区来说，这两个方向可能都相当难以企及。两种颜色的勃艮第葡萄酒都属于这一类，但从2030年开始，过早氧化、过期和不可预测的成熟都将成为过去。你可以挑选你最喜欢的葡萄酒，每次都保证满意。2030年，勃艮第葡萄酒爱好者的未来是光明的，狂躁抑郁的生活已告终结。此外，喝完最后一瓶绝美葡萄酒的失望将成为遥远的记忆。当你的库存用完时，你只需订购一瓶新酒或一箱新的——比如说——Roumier Musigny 2005/2025^{TM}。这种情景还有什么不让人欢喜的，尤其是当订购一箱这样的葡萄酒并不意味着立即破产的时候？

一旦2030年的情景降临在葡萄酒世界——接下来会发生什么？那些用传统方式酿酒的人会破产吗？然而，经典葡萄酒的生产商是否会像以前一样——或者只是少数几家——继续向超级富有的卢德分子（Luddites）出售葡萄酒？每个人都会拿着比萨饼去点拉图酒庄2009/2030 ™（Château Latour 2009/2030 ™）吗？拉图酒庄和其他所有正在被仿制的经典葡萄酒会起诉仿制葡萄酒的工厂生产商吗？所有在波尔多2009葡萄酒酿造活动中花费大量资金的人会起诉他们吗？在超市里，哪种酒是最畅销的——拉图酒庄2009/2030 ™，拉菲酒庄1982/2020 ™，还是Musigny（Roumier） 1999/2025 ™？这些都没有？我们应该提醒自己，我们不能确定大多数消费者会喜欢这些"完美"的葡萄酒，而不是他们所知道和习惯的那种葡萄酒。在一项针对6000多件盲品的研究中，戈尔茨坦等人（Goldstein et al.）发现，对于没有接受过葡萄酒培训的受访者来说，价格和评级之间并未成正相关。[69]事实上，对优质葡萄酒的喜爱显然是一种后天形成的品位，因为这些受访者的偏好和价格之间存在较小的负相关，而那些受过葡萄酒培训的人更喜欢更昂贵的葡萄酒。[70]造成这一结果的原因可能很多。首先，没有一种含酒精的饮料能立刻吸引没有喝过的人。[71]此外，那些使得一款葡萄酒"好"甚至"伟大"的品质并不是马上就能获得的。就直接的感官效果而言，这些品质根本不属于味觉，就像中世纪壁画的品质不容易用颜色、形状和金箔来解释一样。确切地说，这些品质见诸判断力、审慎参照、审美敏感性和文化意识之中。一个人必须既有知识又有经验，才能品鉴到好酒。[72]

我们在葡萄酒界社交工程的实验到此为止，我们的目标不是猜测。这种与当前葡萄酒酿造和消费实践的彻底背离是对葡萄酒观念的挑战，这也是我们思想实验的目的。

葡萄酒是"纯粹的体验"还是"丰富的对象"

让我们评估一下我们对这些想象中的发展的反应。2015年和2030年的情景能否帮助我们从外部角度了解现有的葡萄酒的概念，以及我们所珍视的这种饮料是什么，让我们首先尝试一些挑战，这意味着确认与葡萄酒打交道不可避免的一些固有特征。

从定义上来说，2030年后生产的葡萄酒[73]是极好的。复制品的营销可能会大大提高价格：品质比率，实际上使现有的最好的葡萄酒——或自2015年以来分析过的葡萄酒——为除贫困少数人之外的所有人所用。当然，还有其他的考虑。人们倾向于支持创意与原创，鄙视复制品和高仿。我们从艺术品中的赝品和伪作及一些相关事物中了解到这一点。[74]在大多数领域，人们应该警惕将艺术和葡萄酒相提并论，但在这里几乎是不可避免的。精心制作的复制品，即使是专家，当然也不是平凡无奇的艺术评论家，也无法发现任何差异，当它们的来源被披露时，就会遭到否定，从被钦佩到被鄙视。[75]正如我们所知，葡萄酒是土壤、植物、天气等自然力量和酿酒者工艺的结合。当然，还需要一点儿运气。可以肯定的是，有比葡萄酒更突出的人类创造力的例子，在我们的未来场景中，科学家们展示了令人钦佩的创造力和智慧。然而，这不太可能改变一些根深蒂固的东西，比如我们崇拜个性和原创的倾向。

　　然而，我们有一个潜在的怀疑，即品酒不只是欣赏杯中之物。考虑到2030年的情景，假设工厂生产的葡萄酒占了上风，葡萄酒与其原产地的直接联系将不复存在。当然，它将继续保持与原件的联系，因为复制品将反映出用今天老式的酿酒方式制作的原件。然而，它的真实表达和见证的作用充其量也只是一种衍生物。这不应该也不会引起那些认为我们所欣赏的全部都在于杯中之物的人担心，但我们认为这个思想实验对他们构成了挑战。在玻璃杯中的液体和我们对它的起源的了解之间画上界线，真是可能乃至可取的吗？显然，出售的复制品与原作有关系，但其构成元素从未出现在阳光下的葡萄园中。我们此时此地喝的葡萄酒是由独特的条件创造的——包括酒商的干预——因此它是一种见证。阳光、风、冰雹和干旱影响着葡萄，这表明应该将葡萄酒视为一个"丰富的"，而非孤立的对象。品酒的体验及我们对这种体验的重视，都离不开文化知识及与产地和产地风俗直接关联的文化价值观。作为人类，我们不仅关注经验，也想成为某个人，做一些事情，正如我们看罗伯特·诺齐克（Robert Nozick）用经验机器进行的思想实验所显示的那样。[76]诺齐克的论点表明，我们非常重视经验的真实性。问题是，我们对再制葡萄酒的体验没有任何不真实甚至欺骗性。酒是真实的（它是一个物理实体，而不仅是实体的模拟），我们真的在喝它。诺齐克的论点中唯一适用的方面是呼吁我们接触他所谓的超越人为的"更深层次的现实"。"真正的"葡萄酒之所以有价值，部分因为它属于超越人类控制或技巧的现实，并且是与现实接触的交点。（我们将在第四章和第六章进一步讨论真实性的概念。）

但是，除了与物理实体的隔离以外，针对体验机器可能还有另一个反对意见，即它与"社会性"的脱节。可能诺齐克没有优先考虑这一点，因为这与他的自由意志主义格格不入，但体验制造的一个问题是，我们不会真正与他人在一起，因此我与"他人"的关系无足轻重。没有集体的存在，我既没有特权，亦没有责任。除此以外，我们认为这些关系构成了文化，而文化关联是审美判断可能性的一个条件——在第一章中我们称之为审美判断的主体间性。我们将在第四章回到这个话题。

葡萄酒爱好者首次遇到的问题是产品的价格。精品葡萄酒的稀有性和昂贵性，虽然对于预算有限的葡萄酒爱好者来说很烦人，但也可能被认为是其价值的一部分。假设你正在参加的音乐会正在被录制供你再次收听，尽管录音不能与你坐在第7排第28号座位的体验完全匹配，但那种身临其境的感觉却不再真切。同样，画廊里的画明天会在那里等你去看。然而，如果我们承认每瓶酒都是独一无二的，那么一旦喝完，酒就永远消失了。在这方面，它更像有时在世界高寒地区制作的冰雕——如挪威北部——每个人都知道，随着不可避免的解冻到来，冰雕将不复存在。葡萄酒在瓶中发酵，成熟，衰退，然后死亡。在未来的某个不确定时刻，某种佳酿的所有瓶子要么被消费掉，要么就不能喝了。葡萄酒的这种"短暂"性不仅是偶然的、不幸的特征，而是作为一个丰富对象存在的一部分。玻璃做的"冰"雕塑则有所不同。如果我们参照一下2030年的情景及其无休止地复制全面解析过的葡萄酒的可能性，伴随葡萄酒腐败的辛酸便得以清晰呈现。我们认为，葡萄酒的独特性是葡萄酒鉴赏的重要组成部分，乃至超越了饮料本身的内在品质。仔细想想，葡萄酒的"死亡率"反映了饮酒者的死亡率。我们是有限的存在，就像葡萄酒寿命有限。我们不能回到此时此刻，就像我们现在一起享用的酒不能再享用一样。这也在我们的判断中扮演了一个角色：葡萄酒腐烂的辛酸与我们自己逝去生命的珍贵象征性地关联在一起，备受珍视。葡萄酒的独特性与转瞬即逝意味着场合的独特性。如果我们有能力再次品尝同一种葡萄酒（严格来说这是不可能的），那么独特性和短暂性将不复存在。

　　2030年情景的部分吸引力在于我们淡忘了葡萄酒制作的历史。风格变迁，新技术不仅使达标变得更容易，而且实际上创造了新的可能性。古老的技术被重新发现，或用于不同的葡萄或气候，新的"哲学"如"天然葡萄酒"出现。到2030年，葡萄酒世界可能会停滞不前——即使少数生产商维持经营。想象一下音乐世界，如果我们只有海顿、莫扎特和贝多芬的几百首作品。此外，历史感缺失，无法将这些作曲家视为激进的创新者，借古讽今，与他们同时代的人互动，或者为几年后非常不同的作曲家创造条件。仍然会有伟大的音乐；但它既高度受限，又像蝴蝶一样被钉在木板上。

　　如果葡萄酒只是你喝的东西，那么在2030年的情景中，你不会失去任何东西，反而获得了以适中的价格反复品尝优质葡萄酒的机会。经历了这种进程，我们是否有可能若有所思？只是旧习难改吗？有些人可能会频繁使用"人工""化学物质"之类的词，但我们应该认真对待它们吗？只有当我们对葡萄酒的欣赏超越了我们假装欣赏和重视的液态产品，我们才能反对2030年的情景，或者声称这也是一种损失。我们对葡萄酒的直觉或因它是我们今天熟悉和喜爱的产品——附带或好或坏的年份，以及或多或少熟练或幸运的生产者标志。这是我们品酒和买酒的期待与行动的背景。我们的思想实验代表了与这些和其他参数的彻底背离，这可能是我们无限制地获取各种一成不变和"完美的"葡萄酒时可能遇到的预期问题所在。能够随心所欲地获得"完美"的葡萄酒似乎是一个很好的主意，人们当然会欣然接受。但当完美成为常态，从长远来看，它会有多令人满意呢？完美作为一个目标可能比成为现实更有吸引力，它很可能被验证不只是有点无聊。2030年的情景或许还揭示出，持续出现与葡萄酒有关的类似躁郁症的症状，是我们与葡萄酒互动的一个重要部分，是其作为丰富对象存在的基础。在当今的葡萄酒世界中，期待意料之外的事情可能不仅是生活中的事实，而且会给葡萄酒爱好者带来令人欣喜的成分。当这种情况发生时，如果你在2030年从工厂而不是从酒庄、农庄、酒窖或葡萄园采购，或许品酒的一些乐趣也会随之消失吧。

正如我们今天所知的葡萄酒，变化乃是与之互动的挥之不去的特征，或许只有完全消除变化的可能才能将可变性和不可预测性本身视为有价值的。我们已经学会接受不可预测为酒界常态，但在这个思想实验的背景下，我们或许也学着珍惜这种常态。如果去超市买玛歌酒庄2005/2025™与滴金酒庄1961/2020™（Château d'Yquem 1961/2020™），我们会发现变化，却并非不可预测。打开一瓶久藏老窖的兴奋感将消失，我们对结果了然于胸。伴随可预测性而来的是几近无聊，对于葡萄酒爱好者来说，兴奋感将不复存在。[77]

但是，这里是否可能有更本质的特征在起作用呢？就像光明需要黑暗，好的需要坏的陪衬一样，也许这些神奇的葡萄酒需要普通的，再加上彻头彻尾的坏葡萄酒，才能被推崇为绝妙之作吧？如上述所见，当质量巅峰成为标准时，标准随之改变，最好的不再是巅峰，而是常态。即使拉菲2005/2025™的完美复制品在你买了之后发生演变（毕竟，它们是惟妙惟肖的复制品），变异也会收敛，当然，除非当今葡萄酒界继续作为某种与这里所预想的平行宇宙存在——而不仅是顶级生产商试图看看当前的年份是否会盖过任何历史上的年份。

未来的品尝者

葡萄酒的可变性（variability）——无论是瓶子上的偏差、年份上的偏差，还是瓶子上的"失误（just miss）"[78]——不仅是当今葡萄酒世界的固有特征，也是葡萄酒鉴赏的另一个关键要素——品酒师——的基本特征。品酒鉴赏关键取决于品酒师的实践能力和理论能力，[79]如果没有瓶子、年份、生产商和其他"已知的未知因素（known unknowns）"的变化，像我们这样的品酒师是不会鉴赏葡萄酒的。为了品鉴，饮酒者利用经验，品酒师的隐性和显性知识取决于当前葡萄酒的可变性。对于一个葡萄酒爱好者来说，有时拥有一瓶错过了本该如是的葡萄酒可能是最有教育意义的经历。由此品尝者学会了看什么是重要的，以及为什么它在整体味道中是重要的，并且理解整体味道如何由各种元素组成。[80]某种口味可能被认为适合一种葡萄酒，但在另一种葡萄酒中却完全"格格不入"。此外，品尝者现在可以理解诸元素之间平衡和轻重关系，以及这些如何被其他元素或关系中的可变性所改变。例如，甜味和酸味两种元素之间的完美平衡，可能只是因为某种第三种元素——或者一系列其他难以确定的元素。我们应该记住上面讨论的日冕园的例子，在残留糖分和酸度客观上相同的情况下，其他一些因素可能会影响人们对葡萄酒甜度的感知。事实上，不管它们有多相似，怎么可能同时评价两种"优秀"的葡萄酒呢？因为每一种都是*自成一类*（sui generis）的，体现了截然不同的优点。在这里，品酒师需要通过品尝次等葡萄酒来学习上好的葡萄酒是如何有机地联系在一起的。它们就像是同一个美学难题的不同成功解决方案，兼容千奇百味和文化参照点。只有这样，才有可能确定一个立场，从而判断卓越是各种因素相互作用的产物。同样，品酒师也需要经历惊喜和困惑的阶段，从而了解到某些葡萄的各种可能性，而不仅是名酒中的特定可能性。最后，通过或多或少地体验变异性和与佳酿失之交臂的葡萄酒，品酒师可以了解所有这些因素和判断如何与天气、土壤、生产技术等联系起来。综上所述，对于品酒师来说，体验葡萄酒的多变性，甚至体验有瑕疵的葡萄酒，都是必不可少的。没有它，鉴赏所有这些伟大葡萄酒所需的文化不仅会改变（这一点毋庸置疑），而且可能会枯萎和消亡，因为不再有获得能力所需的经验。

2030年的情景让你有机会在银婚纪念日喝上和当初婚礼中一模一样的酒，很可能与酒有关的我们的信仰、行为和情感也会随之改变。这可能是一件有价值的事情，提供了一个很好的机会让我们在了解葡萄酒始终如一的背景下，思考我们的变迁。这就像回到了迪士尼乐园，上次去的时候还是个孩子，而如今还是老样子。我们今天所知的葡萄酒是移动的目标，到了某个时候它们会逐渐消失并死亡。2030年的情景开启了我们今天无法想象的可能性，我们也没有特权来决定哪种葡萄酒文化——我们所知道的或者2030年的情景——是"最好的"。我们所知道的是，这是两种不同的情景，二者之间的这种差异可以凸显当前葡萄酒界一些不为人所知的基本规则。

结论

如果我们把葡萄酒理解为一种丰富的对象——不仅是我们感知到的，那么内在的可变性、不可预测性和各种不完美之处就是我们所珍视的葡萄酒的方方面面。葡萄酒作为见证人的角色有时太过深入人心，[81]即使它包含的关于其起源的"证词"不甚清晰，但它道出了直接（而不仅是间接）导致杯中葡萄酒成为现在这样的来由，赋予葡萄酒一个额外的维度，使其成为一个比仅仅被视为杯中之物更丰富的现象。如果我们按照这里所建议的方式将葡萄酒理解为一个丰富的对象，那么葡萄酒的原产地及其与原产地联系的能力就有了自己的价值。葡萄品种、混酿、生长条件和窖藏方法之间的必要多样性也将如此。

也许我们对2030"年""美丽新葡萄酒世界"的担忧只在今天的葡萄酒界范围内有效？我们的担忧可能基于对当前葡萄酒界的一种怀旧情绪，我们通过信仰、行为模式和期望与这个世界联系在一起。在2030年的情景下，可能会出现一种重视可预测和可再现的文化，在这种文化中，可再现的葡萄酒体验会产生自己的情感依恋。[82]尽管如此，有人认为这种新文化至少还会有严重的局限性。今天，葡萄酒在我们的信仰和价值观体系中不仅意味着变化和不可预测，也昭示出腐朽和消亡的辛酸。

我们不知道离2030年的设想还有多远，甚至不知道是否有可能实现。但是，考虑到其更广泛的影响，这种自带完美葡萄酒的美好未来的吸引力已经有所减弱。有一种观点认为，葡萄酒是一种丰富的物品，对葡萄酒的鉴赏远不止于饮酒这一孤立的体验。与2030年的设想相比，我们更倾向于今天不完美的葡萄酒世界，这可能是我们的多愁善感所致，但我们宁愿对葡萄酒抱有老式的多愁善感，而不是现代的乏味无趣。

本章探讨了酒是一种什么样的对象。第一阶段主要是关于葡萄酒作为一种有机液体的特性，对于我们的感官来说，它既是一个移动的目标，又是一个模糊的对象。第二阶段运用一个葡萄酒科幻小说形式的思想实验，在我们更广泛的信仰和价值观体系中定位葡萄酒。在下一章中，我们将探讨我们所学到的知识是如何在感官科学的最新研究中得到体现的，这将为我们讨论葡萄酒的感知奠定基础。

注释

1 例子参见 Langlois et al.（2010）。
2 几乎所有与葡萄酒有关的标准参考书目都是 Robinson（2006）。
3 每升含 9 克残留糖分。
4 有些生产商会挑选最好的橡木桶来酿造葡萄酒。Domaine Alain Graillot 就是其中之一。如果年份足够好，最好的橡木桶会用来酿制 Crozes-Hermitage La Guiraude，其余的则用来酿制普通的 Crozes-Hermitage。它们之间的差异可能非常明显。
5 在葡萄酒行业中，"美酒"一词很可能只是指独特性和价格；我们是出于审美目的而使用这一表述的。我们所说的"优质葡萄酒"指的是那些能够赢得更多审美关注的葡萄酒；或者说，生产和销售这些葡萄酒的目的就是赢得这种关注。这就意味着，表面上不起眼的葡萄酒也能"升华为美酒"，而被指定为美酒的葡萄酒也可能无法兑现承诺，被认为是令人失望的美酒。

6 Goode and Harrop（2011）：169–181.

7 这也是对葡萄酒装瓶前评估的一种批评。比如在波尔多4月的期酒品鉴会上，葡萄酒刚刚完成发酵：评论家和商人们品尝的是什么？是最终的调配（或接近最终的调配，因为并没有进行实际的调配），还是酒庄从当时处于最佳状态的橡木桶中调配出来的混合物，以便在葡萄酒完成后获得更好的评分和更多的收益？

8 我们认为，由于酒瓶差异过大的危险，这种情况在如今的优质葡萄酒生产中非常罕见。

9 Goode（2009）. 用于测量葡萄酒中氧气含量的设备是新设备，目前还没有相关的科学出版物（Jamie Goode，personal communication，2011）。

10 van Gorp（2011）：24–25.

11 van Gorp（2011）：24.

12 在 2004 年之前，波菲庄园（Léoville Poyferré）的装瓶工作要持续数天，午餐休息时间也很长。这本身可能就是造成差异的原因之一。瓶塞和储藏及运输也是重要的变量。然而，在所有品酒师的平均评分中，来自中国香港的酒瓶得分最高（91），而来自酒庄的酒瓶则分别为88分和89分，来自德国和瑞士的葡萄酒平均得分最低（87）。

13 但前提是各年份酒之间的差异不大。

14 葡萄酒中约有 800种气味物质；Goode and Harrop（2011）：169. 这可能是一个保守的估计，但并非所有气味物质的浓度都能被检测到。

15 口腔后部与鼻腔的连接处。

16 Plato（1986）：250d.

17 Milner（2004）：928.

18 Young et al.（2002）.

19 Buck and Axel（1991）：175–183.

20 Jones（2004）：849.

21 Buchanan，Tranel and Adolphs（2003）. 因此，嗅觉常常会产生"普鲁斯特式的瞬间"：突然间，在没有任何铺垫的情况下，一种气味可能会把我们带回一个我们以为已经遗忘的时间和地点。参见 Malpas（1994）。然而，值得注意的是，普鲁斯特为这一现象命名，因为在《追忆似水年华》中，所有关于这种追忆的文字都没有感官描述。没有一个关于气味或味道、饼干或茶的形容词。另见Gilbert（2008）：189-202。

22 完全没有嗅觉对我们中的大多数人来说都是一个相当大的打击，在评估我们所留下的印象范围时，不应忽视这种打击的影响。

23 Jones（2004）.

24 Bisulco and Slotnick（2003）.

25 Laska，Seibt and Weber（2000）：53.

26 Shepherd（2004）.

27 Shepherd（2004）：572.

28 例如，酒在口中的触觉印象，或因酒精而产生的"热"感。

29 Rozin（1982）.

30 根据 Neville and Haberly（2004）的研究，专用的嗅觉区域包括嗅皮层、嗅结节、内侧皮层、杏仁核的部分区域、下丘脑的部分区域、丘脑内侧、眶额皮层的内侧和外侧及岛叶的部分区域。

31 Wrangham and Conklin-Brittain（2003）.

32 R. Stevenson（2009）：140. Stevenson refers to studies by Bende and Nordin（1997），Parr，White and Heatherbell（2002）and Parr，Heatherbell and White（2004），as well as Berg et al.（1955）.

33 Livermore and Laing（1998）.

34 这应该让我们对那些声称能嗅出葡萄酒中如此广泛气味的酒评家持怀疑态度。

35 据信，他们占男性人口的 15%，占女性人口的 35%。Goode（2005）：169–174.

36 参见 Goode（2005）：174.

37 Goode（2005）：170. 这就是托德不应该如此担心超级味觉者的原因之一。参见第五章的讨论。Todd（2010）：28–29.

38 Gilbert（2008）：233–234.

39 Wood et al.（2008）.

40 黑胡椒和白胡椒中也含有这种成分。

41 大多数人可以在水中检测到阈值为 8ng/L 的莎草薁酮，但有 20% 的人甚至无法在 4000 ng/L 的浓度下检测到它。

42 Hume（1987）：234–235.

43 R. Stevenson（2009）：25.

44 参见 R. Stevenson（2009）：25–60。

45 嗅神经小球是球形结构，构成嗅球的外层。它们是对来自鼻腔的气味信息进行突触处理的最初场所。它们呈二维片状排列，每种气味都会激活不同模式的团膜。R.Stevenson（2009）：12.

46 R. Stevenson（2009）：12.

47 Calkin and Jellinek（1994）：24 and 61.

48 嗅球是接收来自包括脑神经 1（嗅神经）的神经元的突触输入的大脑结构。

49 Shepherd（2004）：574.

50 Xu et al.（2003）.

51 "Interactions between odour，tactile，and taste stimuli"，R. Stevenson（2009）：45–60.

52 甚至在肺部也发现了苦味受体。Desphande et al.（2010）.

53 例子见Spence（2010a）and（2010b）。

54 R. Stevenson（2009）：22.

55 但前提是他们来自欧洲或北美。对日本人来说，盐具有相同的效果，但糖精则不然。Dalton et al.（2000）.

56 Lavin and Lawless（1998）.

57 Goode and Harrop（2011）：169.

58 Rowe（1999）.罗威在他的文章中并不认为葡萄酒鉴赏是一个问题，关于葡萄酒的评论只是他文章中的一个小要点。因此，他效仿休谟和康德，利用葡萄酒作为方便的替罪羊。

59 Rowe（1999）：43.

60 Rowe（1999）：42.

61 Peynaud（1987）：100–101.

62 然而，一些非常有能力的品酒师在判断葡萄酒时也许能够考虑玻璃杯的形状。

63 The first that was written by either of us on this topic was published in Norwegian：

我们两人就该主题撰写的第一篇文章是以挪威语出版的：Skilleås（2010）.

64 Dennett（1984）：12.

65 Goode（2009）.

66 我们在第六章中对葡萄园差异和风土（terroir）进行了深入讨论。

67 Skilleås（2009）.

68 在这里顺便指出的是，该情景假定化学发展完全由初始条件决定。这本身就是一个形而上学的假设。我们完全有信心吗，假设两个极其复杂的系统具有相同的初始条件，它们的结果必须完全相同吗？

69 参见Goldstein et al.（2008）。

70 "我们的结果表明……为什么普通葡萄酒消费者可能无法从专业人士的葡萄酒评分中受益：他们可能只是不喜欢与专业人士相同类型的葡萄酒。"Goldstein et al.（2008）：8.

71 我们还怀疑"更昂贵"类别中的葡萄酒可能是年份新的高质量葡萄酒，它们注定要经历一段成熟期，然后才会被考虑饮用，因此在酸度和单宁含量上都较高。这可能使它们对普通消费者来说特别不合口。

72 关于这一点的更广泛论述，参见Burnham and Skilleås（2008）。

73 我们将继续称它们为葡萄酒，尽管它们是制造出来的而不是种植出来的。

74 当然，哲学家们在这个问题上也有不同的看法。有两种对立的观点，参见Dutton（1965）and Lessing（1965）。

75 参见康德关于伪造自然的论述 – Kant（1987）：section

42。

76 Nozick（1974）：42–45.

77 如果我们对这一情景的评估是正确的，并且出现了厌倦情绪，也许一些聪明的企业家会想出办法，人为地给完美的瓶子注入变化。

78 我们要感谢巴里·史密斯，是他让我们看到了葡萄酒的魅力。

79 第一章对这些能力进行了更广泛的阐述。

80 大卫·休谟在《论品位的标准》（*Of the standard of taste*）一文中证实了这一观点，他认为有必要对不同品质的标本进行比较，以得出判断的标准。Hume（1987）：238。另参见第一章。

81 我们将在下文第六章讨论风土的概念。

82 可以说，香水对我们来说就有这样一种价值，它可以跨越时间将各种实例可预测地联系起来，尽管完全忽视惊喜或异国情调在我们的体验中的作用也是错误的。

第三章　酒与认知

美学问题的认知背景

上一章表明，葡萄酒是一个"模糊"或至少是"难懂"的对象。这理所当然地成为一些说法的关键前提之一，那些人声称葡萄酒永远不可能成为恰当的客观判断的对象，甚至一个其有效性超越了仅为主观层面判断的对象。建立在这个前提下的争论不仅是反对关于葡萄酒的美学判断的可能性，也是反对任何关于葡萄酒的判断（例如质量的判断）。然而，尽管我们意识到这一论证的力度，但这并不是我们的结论；相反，我们追溯了葡萄酒品鉴克服这些困难的实践。通过这些实践，品酒可以呈现出一个具有离散成分或元素的对象，这些成分或元素反过来可以用于"智力模式化"。本章的目的是更仔细地考察品酒活动和鉴赏实践活动的"智性"方面。

然而，通过对特定葡萄酒进行人工复制的思想实验，我们证明了葡萄酒不仅是一个"模糊"的对象（如果不是不可克服的），而且是一个"丰富"的对象。我们的意思是，葡萄酒的价值不仅在于它作为一个物理对象所固有的属性，还在于它最初看起来无关紧要的特征，比如短暂或罕见的经历，以及更广泛的文化、历史或社会原因。我们将在后面的章节中回答这些问题。[1]然而，已经很清楚的是，为了让我们在这里构建的审美认知模型足够完善，它需要容纳那些经验或文化因素。本章我们从关于葡萄酒感知的科学研究入手。然后，我们从葡萄酒体验现象学角度追寻其中含义。在本章末尾，我们将讨论美学项目所独有的情感层面：特权和责任，规范性及惊喜或冒险。这一讨论将为第四章进一步持续探究现代哲学美学的相关问题做好铺垫。

一项由吉尔·莫罗特（Gil Morrot）、弗雷德里·克布罗克特（Frédéric Brochet）和丹尼斯·杜伯迪奥（Denis Dubourdieu）所做的研究[2]一直是人们如何看待和描述葡萄酒的讨论焦点。在实验的第一部分，他们动用了54名波尔多酿酒专业的学生，提供给他们两种当地葡萄酒，一种红葡萄酒和一种白葡萄酒，并要求他们列出香气描述符。研究人员提供了香气符列表，受访者可以自由使用该列表或他们自制的列表。[3]这项研究的第一部分导向这样的假设：对葡萄酒的描述受视觉信息，主要是颜色驱动，因为白葡萄酒通常用命名黄色或透明物体的术语来描述，而红葡萄酒则用了命名红色或深色物体的术语。[4]第二个具有欺骗性，实验的一部分是用和第一个实验一样的白葡萄酒进行的，但是有两个版本。其一是从瓶中出来的白葡萄酒，另一个是同样的白葡萄酒，但用无味的着色剂人工染成红色。然后，受试者按照字母顺序得到第一部分实验的描述符名单，并被要求对照每一个描述符，告知这两种葡萄酒中哪一种最强烈地表现了这个描述符的特征。结果是，受访者使用红酒描述符来描述染红的白酒。实验结果总结为："由于视觉信息，品尝者不重视嗅觉[5]信息。"[6]在新西兰，温迪·帕尔（Wendy Parr）[7]对29位葡萄酒专家进行了实验，这些实验似乎证实了这一结论：他们对用不透明玻璃杯装的酒桶新鲜发酵染红的夏敦埃酒色描述比用透明玻璃杯装的更准确。[8]

在第一章中，我们认为在引导感知的背景下培养从美学角度判断葡萄酒的习得能力是至关重要的。如果波尔多的54名酿酒专业的本科生无法判断一款葡萄酒是被染成红色的白葡萄酒还是真正的红葡萄酒，那么这一观点似乎站不住脚。我们决定通过另一种设置来检验莫罗等人的结论。2008年5月，我们在斯塔福德郡大学进行了两项实验，以学生和教职员工为受试对象。这些人之于葡萄酒的参与度由低到高，他们当中没有酿酒专业的学生。没有人是新手，也没有人自诩为专家。他们被设定了两个独立的任务。第一项任务是使用嗅觉和味觉来确定单一样品是红葡萄酒还是染成红色的白葡萄酒。[9]这里需要注意的是，这种设置由此引发了诸感官之间的冲突：受访者可以看到、闻到和品尝葡萄酒。[10]

实验中的单一样品排除了染色和未染色样品之间可能的轻微颜色差异的影响。提供相同的温度下

（15℃~17℃）的葡萄酒。在使用染料的实验中，40名受试者没有被告知本是真正的红葡萄酒还是被染成红色的白葡萄酒的似然性（事实上是50∶50）。受访者在第一次实验中的成功率确实非常高，在整个实验中，40人中有37人（超过90%）正确识别了葡萄酒的颜色，其中20人中有19人识别出了染成红色的白葡萄酒。

为了绝对确保染料没有影响判断，我们设置了第二个实验，涉及20名受试者，没有任何染料，但有一个适当的眼罩。眼罩本身可能会分散注意力，但在实验中，至少不会与视觉起冲突。任务是一样的：你闻到和品尝的是白葡萄酒还是红葡萄酒？就像在染料实验中一样，这20名受试者对两种选择的似然性一无所知——还是对半概率。提供的葡萄酒还是在相同温度（15℃~17℃），这比通常供应白葡萄酒的温度要高。[11]同样，正确判断的数量明显好于随机猜测的结果，20个中有17个（85%）判断正确。

我们认为，这两个实验表明，即使颜色被调控或保留，非专业品酒者品判如常。这本身并不会使莫罗等人得出的关于颜色是决定葡萄酒气味的有效准则的结论无效，[12]但我们认为，它确实表明该任务对于感知对象，如葡萄酒[13]的哪些属性受人关注与推崇起到了主要作用。莫罗等人声称"酒色的获取或匮乏，会导向同一对象的两种不同表征的认知构建"[14]，但我们已经证明，这更可能是误读的结果，而非酒色的缘故。这符合我们在第一章讨论项目的角色和性质的预期。同样，一些葡萄酒老饕会跟不懂行的朋友们玩一个老把戏。一个人拿一大瓶葡萄酒（1.5升）倒入两个玻璃瓶中，然后，一本正经地把同一种酒作为两种不同的酒来比较。鉴于寻找差异和比较品鉴的任务，倒霉的客人们几乎无可避免地以诸多不同的方式来品判同款酒的不同之处。这里又有一个项目（比较两种葡萄酒，即意味着二者之间截然不同）激发了差异识别。

在《颜色的气味》（*The Odor of Colors*）中，巴利斯特等人（Ballester et al.）测试了一个假设，即"人们对三种葡萄酒颜色类别（红、白和玫瑰红）的香气有稳定的[15]心理表征，视觉信息并非依据颜色正确分类葡萄酒的必要线索"[16]。他们使用黑色玻璃杯（醴铎Riedel）来隐藏18种葡萄酒的颜色——白葡萄酒、红葡萄酒和桃红葡萄酒各6种，与我们的实验设置明显不同的是，他们只允许受访者嗅闻，而不是品尝葡萄酒。因为他们也看不到酒，这个实验——不像我们自己的——不是查尔斯·斯宾塞（Charles Spence）[17]所说的"冲突研究"的例子。由于只考虑了鼻道信息，因此不可能获得感觉"冲突"。而结果与我们用染料和蒙眼布得到的结果相似。在没有看到黑色玻璃杯中葡萄酒颜色的情况下，无论专家还是新手组，都无法正确地将它们识别为白色或红色——这与预期相反。实验结论"与莫罗及同事的结论相反，红白葡萄酒的气味表征独立于视觉映射而存在"[18]。然而，这两个小组或者由训练有素的品酒师组成的对照组都没有正确鉴别出桃红葡萄酒。对此提出的一个解释是，所有的受访者均来自勃艮第，在法国该地区很少生产和消费桃红葡萄酒。[19]

既定类别存在于诸如红葡萄酒或白葡萄酒之类的产品仍可以仅基于气味，或者质地和味道及气味来进行的粗略测定之中。葡萄酒的颜色并不能（像我们在染料实验中那样）让受试者判断其属于某一特定类型。因此，任务（或"项目"）乃是重中之重。只有当受试者被刻意欺骗时，视觉线索才会推翻味觉或嗅觉线索。做出正确评估后，受试者注意到体验的不同方面，在必要时对可能的欺骗性视觉线索进行补偿，并启用对象的既定概念。我们的实验表明，批判性注意力可以补偿颜色的任何调节效应。

注意力是关键所在。任何时候我们只关注被我们感知的所有事物中的一小部分。我们并不能感知所有感觉，总的来说这是一件好事，因为它能让我们集中注意力。正因我们正在从事的任务或项目，被感知的对象围绕着注意力的中心而变得清晰，通常由那些我们认为最相关的特征组成。以下是威廉·詹姆斯对"注意力"的著名定义：

它是头脑以清晰而生动的形式，从看似几个同时可能的对象或思路中选取其中一个。其本质是意识的聚焦与集中。意味着从一些事情中抽离出来，以便有效地处理其他事情。[20]

请注意这段文章中有两个对比鲜明的乐章。第一个是积极的，"占有"——就好像头脑伸出手抓住它选择的对象。第二个是否定的，即"从……中撤出"，一种排除为不相关的事物的行为。这方面最广为人知的例子之一是所谓的"鸡尾酒会效应"。你在一个房间里，有很多人在说话。其他的对话只是背景中的嗡嗡声，因为你正在参与其中。但是突然有一个你没在听的人提到了你的名字，之后你只能听到出现你名字的对话。以前你不知道你听到，或者感觉到了这个对话。但你一定听到了——感觉到了，没有其他解释可以诠释你怎么会注意到自己的名字，并随即跟进这个更突出的对话。这既不是你所关注的对话（你所关注的全部感觉领域的一部分），也不是你所感知的（一次有意义的对话）。这只是房间里嗡嗡声和喧闹声的一部分，其本身只在注意力分散时才会被察觉。我们使用"显著性滤镜"[21]来剔除非必要的内容。这是注意力消极"退缩（withdrawing）"的一面。而一个人自己的名字总会凸显而引起关注，并激发积极的"占有（taking possession of）"面。

由于葡萄酒是一种模糊的对象——即使在最好的情

况下也难以描述和判断，因此，我们完全有理由相信，在葡萄酒鉴赏中，感觉和感知之间也存在类似的关系。一个人只能关注所感受到的一个子集，而该子集很可能由期望、知识和相关性决定。[22]

显著性过滤器或多或少自动起作用，这就是为什么上面讨论的各种效果让参与者感到惊讶。然而，一些非常相似的东西也可以作为一种有意识的策略。至少在许多情况下，受显著性过滤器影响的操作流程，可以在更高的认知水平上被"复制"。这可能是当分配的任务不是欺骗性的任务时，滤波器可以被补偿的一个原因。在我们的红/白实验中，参与者须有意"回避"颜色或温度等潜在的分散注意力的信息，以便积极地"占有"他们被要求确定的东西。对于更有经验的品酒师来说，他们积累的文化和实践能力可能已经演变成一套复杂的决策树，他们意识到了这一点，并且可以选择利用这些决策树。我们所说的"决策树"指的是一个过程，在这个过程中，被品尝的葡萄酒的高度典型的特征性被寻找出来，以便接近某种结果。该逻辑包括任何已知葡萄、年份、地区等的典型和排他元素的集合。这套逻辑在品酒师试图鉴别葡萄酒时尤为奏效。这酒闻起来是不是有点像猫在醋栗丛上撒尿的味道？没错吧？那么很可能是长相思（Sauvignon Blanc）。它也是新鲜带酸味——不是明显的水果味？这增加了它来自卢瓦尔河的可能性，可能是桑塞尔抑或普伊-芙美（Pouilly-Fumé）。对于一种被称为桑塞尔的葡萄酒，将遵循类似的程序，其中指定的任务是确定它是否该地区的典型或良好的范例。然而，虽然使用这种心理工具需要文化和实践能力，但以这种方式思考判断是如何发生的有局限性。包含或排除气味或味道元素的二元逻辑将使我们很难在上面的例子中"不明显地"描述限定条件。这样一个短语反映了某种类似果实与整体的关系。所以，我们将不得不在这一章的后面回到我们判断背后的过程。然而，决策树的概念至少使我们的主张变得可信，即我们的气味或味道偏见可以被提升到更高的、有意识的认知水平，从而得到纠正。这意味着那些涉及欺骗的实验对品酒没有明显的影响。

　　盲品是一个相关问题。这种做法背后的思维是，品酒师或对某些生产商、产地及其他持有偏见，但如果所有关于葡萄酒产地的信息都被删除，这些偏见便可消除。然而，如果你盲品葡萄酒的唯一损失是你的偏见，上述讨论的例子就无法解释了。为关注到杯中葡萄酒的方方面面，文化和实践两方面的知识均不可或缺，而非成为对葡萄酒进行真实和开放评价的障碍。然而，熟稔某个对象的全面知识可能会自带问题，主要是批判思维能力往往变得迟钝。知道"太多"可能会加强自上而下的过滤，以至于我们已知的一切让我们变得懒惰，以至于我们难以顾及捕捉味道的敏感度。在一项使用功能性磁共振成像（fMRI）的研究[23]中，受试者被给予两种著名的棕色软饮料——百事可乐和可口可乐，当其品牌名称或未可知时，某匿名品牌是首选，而当受试者被告知或显示（在屏幕上）他们在喝什么时，另一个（更畅销的）品牌则成为首选。在此两项任务进程中，大脑的不同机制中心表现也更活跃。当软饮料被匿名评估时，奖励中心更加活跃，而当饮料的身份已知时，与认知功能相关的中心相应地更活跃，这导致"文化影响对表达的行为偏好有很大影响"的结论。[24]然而，值得注意的是，这种情况具有欺骗误导性。熟悉一个品牌名称，如

第三章　酒与认知 |

可口可乐，并非等同于文化知识，因为该实验并未依据或测试受试者品鉴可乐的能力，而只是测出了品牌名称的威力。假设受试者被告知"大多数人在盲品时更喜欢百事可乐，但在得知在喝什么时更喜欢可口可乐。我们所测试的正是这种效果。现在，尝尝样品吧"。从某种意义上来说，这可能是"非科学的"，但只有当一个人教条地认为盲品可以推翻所有偏见时才是如此。然后，我们建议比照我们的"非欺骗性"红/白实验，对麦克卢尔（McClure）等人的实验设置进行修改。据我们所知，这种实验性的修改尚未进行。

关于盲品，我们认为其恰当的定位是用以评估某种葡萄酒的一系列表征，以供购买或启发，例如，当《美酒世界》（*The World of Fine Wine*）邀请三位专家一起"单盲"[25]品鉴某一年份或葡萄园的不同出品。"单盲"意味着当专家品尝纳帕谷赤霞珠（Napa Valley Cabernet）或波尔多2009时，生产商和葡萄酒的身份不予披露，而专家在电脑上输入评论与评级，不与其他人商量，也没有机会改变任何事情。该杂志还举办公开品酒会，品酒师事先知道葡萄酒的身份，他们可以在品酒过程中自由交流，以便他们能够"利用他们的经验和专业知识，用行话术语来讨论葡萄酒"[26]。这两种进行品酒的方法都符合我们的观点，即概念知识和经验不仅是偏见的来源，且其激活力有助于我们专注于葡萄酒的相关方面，并使之变得生动有趣。关于葡萄酒的实践和理论知识，以及它所代表的东西使人们对它的感知成为可能，而并非成为偏见的来源，导致对于身边的葡萄酒的曲解或忽视。正如我们在第一章中所讨论的，葡萄酒专家和非专家的区别在于经验和知识相辅相成。[27]也就是说，它并非一种优越的生理能力，而是一种训练有素、经验累积、拥有概念知识和言语支持、根据既定实践达成任务，能够从事持续的、高度集中的品鉴项目的能力。盲目的品鉴将感知降低为纯粹的感觉，并将鉴赏转化为单一的检测。这就是为什么有经验的品酒师在盲品时，会尝试用不同的假设来判断可能是什么样的酒。如果由朋友提供葡萄酒，葡萄酒老饕可能会从了解经营者的偏好开始。在这种情况下，盲品的目的是尽可能精确地识别葡萄酒的身份，但在"视觉化"的品酒鉴赏中，知识和经验有助于经验丰富、知识渊博的品酒师以一种将葡萄酒的相关属性带入有意识感知的方式来关注葡萄酒。我们认为，审美意识也是如此：它不是"天真的"，而是建立在能力的基础之上。

葡萄酒、认知和哲学

葡萄酒可能是一种审美体验，而这种体验需要某些知识，这是罗杰·斯克鲁顿（Roger Scruton）和肯特·巴赫（Kent Bach）等哲学家一直争论的观点。斯克鲁顿[28]声称，首先，"嗅觉的对象不是有气味的东西"，有别于"视觉经验通过一个事物的'外观'抵达看起来像的事物"。换句话说，就像声音一样，气味是"次要对象"，因此，"事物并非浸淫于其气味之中"[29]。下面，我们将使用现象学来论证意向性——从感觉到抵达意识——是有意识行为的一个基本特征。然而，意向对象确实无须等同于其物理存在。也许，正如斯克鲁顿所建议的，气味须被认作是独立存在的对象，区分于散发它的东西？这里我们提出一个问题：把视觉属性从事物中分离出来是否比把嗅觉属性分离出来更困难？倘若如此，这可能是因为我们很少注意到这样一个事实：依据客观论者的观点，颜色也是次要属性。光的传播速度比空气的流动速度快得多；光不会逗留。然而，昏暗的光线或带有不寻常颜色的光线会令我说出"在我看来它是绿色的"。当构图一幅风景照片时，我可能会简单地把它当作一幅图像而不是实体，运用像三分法这样的构图原则。同样，经常出现的光效，如掠射反射或意外折射，让我有机会看到"光效应"，这既不是因为反射物体也不是因为被反射的物体，而是因为作为物体的光图像本身。在所有这些例子中，"外观"已经脱离了具有外观的事物，这并不罕见。此外，我会习以为常地说"你的香水很好闻"或"这里有什么东西很难闻"。相反，在特殊情况下，我才会单独谈论气味，比如："昨晚我在这里做了鱼。"换而言之，我们惯常不会以古典经验主义者的超然客观立场[30]来思考，我们的经验认为气味是分配给有气味的事物的。葡萄酒以其诸多感官特性向我们展示了自身。

基于他的第一个论断，即气味属"次要对象"，斯克鲁顿接下来声称气味对于某些重要的感知事件是无法企及的。鉴于其之于当代美学的重要性，他选择了"闻起来像"或"闻着像有"。我可以说某样东西闻起来（斯克鲁顿说"尝起来"）"有巧克力的味道，或者尝起来像巧克力，但不是说尝起来就是巧克力"。[31]换句话说，一个葡萄酒评论家，不像诗歌或绘画的评论家，不能做字面诠释，况且，由此得出的结论是"葡萄酒语言在某种程度上是没有根据的"[32]。巴里·史密斯就类似的话题写道："我可能以为我杯子里的东西比不上香槟，但当我意识到这是一瓶普罗塞克（Prosecco）葡萄酒时，我会觉得它相当不错。"[33]想象一下，我们通过仔细混合两种葡萄酒来制备一种葡萄酒样品，这两种葡萄酒代表了各自所属葡萄品种的酒款风味特征。主管品酒师得到了模棱两可的信息，很可能会对葡萄酒做出截然不同的解读。就像维特根斯坦对杰斯特罗的鸭子/兔子形象的著名运用，[34]这款酒确实是两者兼而有之。如果一个品酒师判定这是一种黑皮诺酒，他或她会把混合酒的所有其他气味解读为黑皮诺酒中的异乎寻常，但对鉴别来说并不重要。

现在，有人可能会说，我们在这里创造了一个欺骗性情境，并由此忽略了我们自己的论点。此外，还有人可能会说，这种分析是在有限的意义上的应用"诠释"。[35]换句话说，我们关于气味的举例和分析并不构成看法观点抑或见解见地的例证，而只是为某种效果所提出的不同的因果解释。而到目前为止，我们只是表明我们不能完全排除嗅觉中感知解读的模棱两可性。

托德进一步分析了罗宾逊和帕克之间关于柏菲酒庄2003（Château Pavie 2003）的著名争论，将其解读为（用我们的术语来说）涉及两个资历不同、思路迥异的美学团体的案例。（我们将在第六章讨论葡萄酒界的统一性或其他。）他总结道，这场争论表明，在品酒中可能存在"不相容但同样合理的——因此是'客观的'——判断"。[36]很难看出这不是一个有关"见地"或诠释，且不具备上述缺陷的例子。最后，无论针对"因果解释"的异议有什么优点，它不再与"和谐"属性相匹配。我们所谓酒的"和谐"，并非等同于"有荔枝味道"的说法。一个分析化学家也许能够指出葡萄酒中存在后者（具有这种气味的特殊分子），从而得出因果解释，但无法指向前者。"和谐"也不是这种化学相关属性的集合。在这一点上，我们大体上同意凯文·斯威尼（Kevin W. Sweeney）对其所谓"分析解释主义"[37]的分析，以及约翰·本德（John W. Bender）对葡萄酒隐喻的大胆讨论。[38]在接下来的讨论中，我们把"均衡"这样的属性当作过渡意向对象，探讨"感知"或"认知"的问题。

斯克鲁顿的第三个论点也没能说服我们。他声称气味就像声音，只是气味不像声音那样有序或相互关联。嗅觉和味觉是非认知感官，因此，尽管葡萄酒的体验对我们来说具有相当大的象征甚至精神意义，但它不是也不可能是审美的。虽然声音可以被有序组合起来，但气味和味道却不能；同样，后者也不能"沿着一个维度排列，就像声音按照音高排列那样"[39]。这一论点类似马克·罗威提出的观点。[40]我们已在第二章讨论了罗威的版本，认为在审美和实践兼具的情形下，酒评人可拥有离析、关联和罗列的空间维度。在我们对品酒体验的现象学的研究中，我们将回到并更全面地展开对这一论点的详解。举例来说，把"均衡"归因于一种葡萄酒是没有意义的，除非有能力的品酒师能够精准地以斯克鲁顿似已排除的方式理解元素之间的关系。

肯特·巴赫对葡萄酒鉴赏可以是一种审美实践这一观点的挑战，源自对品酒体验的非认知本质的类似认可。[41]因为它是纯粹的感官体验，无论是知识还是任何葡萄酒语言的使用都不会直接增强品酒的体验，因此，如前所说的是"天真"的。一是巴赫承认对于葡萄酒可以有认知项目，例如对照给定的标准进行比较、识别或评估；二是所有这些项目都需要事先了解；三是所有这些项目本身可能产生其他类型的快乐；四是在某些情况下，至少这样的知识可以引导一个人注意到可能提高葡萄酒的纯粹感性的快乐的方面。由于巴赫的基本论点有这些细致的限定，他的观点更难反驳，因为根本不清楚他到底在论证什么。例如，他认为这些项目及其结果与品尝的纯粹感官愉悦有本质区别。那么，"本质上不同"是什么意思呢？我可以从解决一个特别棘手的哲学问题中获得乐趣。尽管如此，我也能区分这种体验的认知因素和快乐的影响。然而，据推测，这种区分并没有使这种快乐成为巴赫意义上的"纯粹可感的"：相反，只要我们倾向认为快乐是一种不同于思考的精神现象，所有的快乐都是"可感知的"。巴赫需要证明，在其他条件相同的情况下，如果没有任何认知输入，同样的可感知的快乐仍然是可能的。然而，我们知道品酒师的"口味"——也就是说，他/她从什么类型的葡萄酒中获得感官愉悦会随着专业知识的积累而变化。此外，如前所述，我对一种体验的认知可以改变它被感知的方式，甚至改变它取悦我的方式。毕竟，这是上述所有实验的结果。因此，从经验上来看，巴赫的论点看起来不太可能。

大多数与巴赫观点相左的作家都是针对他关于葡萄酒语言的主张而持有异议。基思（Keith）和阿德里安娜·莱勒（Adrienne Lehrer）[42]提供了大量的实证性证据，表明酒评家在其专业知识范围内，有效地使用葡萄酒语言来指导自己和他人。[43]然而，巴赫可以（事实上，正如我们所看到的）同意这一点，而不影响他的基本论点。他认为，葡萄酒语言并不能描述这种体验是什么样的——可以说是从"内部"描述的。但人们有理由问，是否有任何描述性语言可以做到这一点——为感官体验提供一些替代途径。关于事物和经历的相关描述并不提供那些事物或经历本身。巴赫的观点是，一个人用来描述葡萄酒的语言充其量只是促进了体验，但不是体验的一部分。假设他接受了上面的第四点，那种知识可以一种增强快乐的方式引导注意力（更全面地增强体验），这就是我们为了将葡萄酒鉴赏确立为一种审美实践而需要动用语言做的所有事情。在我们看来，语言应该是体验的一部分的这一说法并无异议。

蒂姆·克雷恩（Tim Crane）提出了一个更能说明问题的相反观点。[44]克雷恩的工作主要是预测和评估葡萄酒是或不是艺术品的争论。然而，他的结论是，无论我们如何解决这场争论，我们都可以为葡萄酒争取到"艺术作品的诸多特权"。[45]特别是（这也是这里我们所感兴趣的），葡萄酒的经验要求我们回访它，以求进一步地"理解"[46]。也就是说，克雷恩暗示葡萄酒的独特体验部分是认知性的，因为它建构了一个探究项目。他暗示，一个人可以从葡萄酒中学到更多，但他没有解答以下这个问题，即这些知识是否会以某种有意义的方式提升你对这种葡萄酒及其他葡萄酒的享受。

项目的现象学

为了探索我们所关注葡萄酒的类型，或者更笼统地说，我们参与的"项目"如何与我们对葡萄酒的知识和经验相互作用，我们将首先采用现象学阐述。[47]本节将展示品酒的现象学概述，阐明"项目"概念的必要性，由此对上述讨论的实验结果给出更令人满意的解释。就葡萄酒而言，这个项目可以是一长串项目中的任何一个或几个：鉴别一种葡萄酒，对它进行描述和评价，将其作为这种或那种葡萄酒的典型范例，决定卖多少钱，把它与晚餐菜单搭配起来，对它进行美学评价，判断它的陈酿潜力，[48]用它来打动一位同事或引诱一位晚餐伴侣，或者只是和几碗意大利面一起享用它。为了简洁起见，让我们一次考量一个项目，尽管许多实际情况涉及几个重叠的项目。

为了研究知识和经验在审美中的作用，我们想从现象学中提取两个基本的概念。第一，是在第一章中介绍的"项目"。第二，意向对象及其"相关"的概念还未曾涉及。后一个概念提供了一个有用的模型，借此说明

"我们心中的目标"是如何在我们最初的知识和期望与我们在达到目标之"途中"所经历的活动或特殊经历之间架起桥梁的。意向对象可能是空间和时间中的特定实体，例如当我试图评估一瓶葡萄酒时，或者它可能是特定对象的一种类型，例如当我最终想了解来自特定地区或葡萄的葡萄酒的典型特征时的多样化。现在，感官对象的一个特征是，它们总是作为观点或问题被对待。[49]以在空间中被视觉捕捉的某物体为例。此刻，我们正在观察此物在空间中的一面。这些面被理解为属于某个更深层次的实体的方面，我被有意引向的对象本身。可以说，我们透过事物的方方面面来观察事物本身。[50]

萨特找到了一个很好的方式来总结意向对象的概念：如果我爱她，我爱她是因为她可爱。[51]当然，我们可以把爱作为一种主观情感来分析。然而，关键是，它不是以这种方式所经历的一种精神状态。就像一种外化于经验内省式的体验。而实际上，她的可爱是某个人的财产。现在，这个对象是"理想的"，至少在某种意义上说，它从来不是一蹴而就，而是以或多或少有序、通常是连续不断的局部特征的顺序出现的。我注意到的关于她的一切（她的微笑，她的笑声）最初并不是中性的，然后被我解释为"可爱"。这些都是她可爱的一面。类似地，空间中的一个物体，比如一张桌子会有我看不到的边，但是当看着它时，我们通常根本不把这些方面看作是单个的感觉数据。也就是说，我现在对桌子的看法并不是我从中推断出一个桌子的孤立数据；相反，每个视图被理解为除了桌面上的视图之外什么也不是，与先前的视图连续并结合在一起。通常，要把注意力集中在某个方面，而不是桌子上，需要付出特别的努力。因此，我这样描述我的经历："此刻，我看到了桌子。"只有在被问到，或者在相当特殊的情况下，我才可能承认"我从这个角度看桌子"。通常情况下单独感知当前相位不常见，因为它是孤立的；更不用说感知离散的、单独的感觉元素，如颜色、形状或声音。[52]同样，在这种情况下，意向对象可以与特定对象等同。[53]而这又可能是一个反映了桌子所体现的特征或风格的中间对象，如"维多利亚式"。我们所说的"中间意向对象"是指一个项目所针对的意识对象，但仅是作为一种指向更广泛或抽象的对象的方式。对于描述家具风格的项目来说，椅子就是这样一个中间对象。某种被品鉴的葡萄酒可能是鉴定"典型"德国雷司令干白的中间对象。最近的研究表明，"矿物质"是葡萄酒的高级特征，与水果味等更直观的元素不可等量齐观。[54]因此，"矿物质"指向迥异的各类感官元素；这是葡萄酒的特征，而非单一元素。因而是描述性项目的中间对象。

　　想想我们是如何感知一段旋律的。现在演奏的音符对我来说有它作为旋律的一部分的意义，它就是我正在听的旋律[55]。将单个音符从旋律中分离出来并专注于它需要一种特殊的注意力行为——就像小提琴老师可能不得不纠正一些技术错误一样。如果旋律熟悉，这一点尤为明显。但即使是一首不熟悉的曲子，我也不会对它是一段旋律这一事实感到惊讶。也就是说，我不倾向于孤立地看待这个音符。意向对象可能不明确，并带有惊喜，但我仍然体验到音符是其中的一部分。事实上，我也不会孤立地体验一段旋律——它很可能是一个中间的意向对象，通向某个更"完整"的对象，比如奏鸣曲的第一乐章，或者是一种更抽象的对象，比如可以被描述为欢快的旋律类型。这些一般的观察也与品酒有关。葡萄酒的体验是一个理想的意向对象，以类似的方式被勾画出来，有一个明确的顺序，就像我们在第二章中概述的那样。

每一个项目都会对应一种意向对象：被描述的酒、被评价的酒或者被鉴别的酒。从对其所知甚少，且未曾亲历的意义上来说，我对意向对象可能一开始就不甚了了。然而，它并非完全空洞无物。即便我们在盲品时，也事先知道正在品鉴的葡萄酒的既定属性，如"颜色""气味""黏度"等。因此，即便如此，项目也能够预测——并朝着目标"跃进"。或者，我们可能知晓酒性，于是意向对象被锁定，尽管尚未品尝。那么，"跃进"式预测或为一种偏见，阻止我们认真关注品酒体验，除非我愿意并且能够让我的常识感受到挑战。随着我们对葡萄酒的体验——或对它的了解越来越多，或随着项目接近完成，预期目标已经"实现"。也就是说，我经历了它的更多层面，从而证实或混淆了我的期望。因此，在任何时候，预期的目标是我们的项目、我们对某些现象的现有知识或素养及已部分实现的目标相互作用的产物。为简洁起见，我们暗示项目有"一个"意向对象。很可能不止一个。例如，假设不确定酒是来自X还是Y，我会将两者都记为可能性，提取特征并根据X和Y特征的有序集合进行检查，可称之为模板，直到决策树提供解决方案，或者，直到一个或另一个目标实现。

现在，回到桌子的例子，当我走进房间并穿过房间时，"体验"桌子是将某个特定的影子感知为与先前的影子连续。当"属于"或"在去往"意向对象的路上时，会遇到阴影。有些元素会作为被动主语给我，当我睁开眼睛时，它们就在我面前。其他元素可以通过特定动作来访问，例如看桌子下面或后面。换句话说，身体运动、给定的轮廓和意向对象之间经常存在相互作用。这种情况会发生到如此程度，以至于我的身体运动可能是有意的调查行为，就像当我从一边到另一边移动我的头，试图对瞥见的但部分隐藏在其他东西后面的东西获得越来越充分的看法；或者物理地将某物翻过来看反面，如当阅读一本书背面的简介时。我们既通过上面讨论过的那种过滤来引导我们的认知，也通过移动身体来引导我们的感知。这种引导我们可以称之为有意识的"注意",或者更广泛地说,"投射"。

同样,在品酒过程中,我们对顺序也有一定的控制,既可以在葡萄酒入口前延长对杯中葡萄酒的观察时间,也可以通过屏蔽其他同时出现的品质来关注特定的品质,还可以通过在口中进行物理操作来驱除更多的芳香化合物,当然还有重复品酒。当关注葡萄酒的美学享受时,多年来发展了一种非正式但仍相当不灵活的程序,允许葡萄酒展示自己(被认为是)的最佳优势,为葡萄酒的欣赏打开空间维度(注意口腔或鼻腔中的位置)及时间(葡萄酒的发展和连续释放,允许元素的时间组织,并允许我们注意到像攻击或长度这样的现象)。[56]

品酒能力也打开了其他质量"空间"或"维度",通常是几个感官紧密结合,葡萄酒的各种元素通过不同的感官相互加强、削弱和模糊。[57]因此,不同的感觉形态不是作为离散的性质而遇到的,它们只能在强度方面有所不同,并且只能作为"不同于"而联系在一起。更确切地说,它们是作为可以相互遮蔽的品质而出现的。

一个类似色谱的感知维度打开了。这些品质可以相对于他人"近""远"或"介于两者之间",可以发散或收敛,可以"相对立","彼此相映成趣",或者微妙地混合在一起,创造出一种新的感知。这导致比标准的"葡萄酒香气轮"更大数量级的可能性。有能力的品尝者能够在这些维度中找到感官元素,也许还能找到它们之间的关系,就像绘画欣赏能力赋予注意颜色、纹理、深度等微妙差异和关系的能力一样。如果我想要实现的目标尽可能地复杂有趣,尤其是如果它要展现出一种特殊的属性——审美,那么就有认知工作要做——运用能力、记忆力[58]和想象力。意识到这里有这样的质量维度是很重要的。正是由于葡萄酒的感知——或者更一般地说,嗅觉和味觉——缺乏这样的维度,一些哲学家认为,葡萄酒体验不能被组织、模式化或以想象的方式进行。马克·罗威或罗杰·斯克鲁顿等作家声称,葡萄酒体验完全是无认知的(见上文),他们肯定只是忽略了上述类型的分析。

正如我们已经说过的,每一个项目都会对应一种意向对象。这个物体可能是我面前的酒(无论我认为它是我嘴里的10毫升、一杯还是一整瓶）。它是通过一系列重叠的感觉来体验的：我现在正在体验的感觉，我几分钟前体验过但已经褪色的感觉，除了在记忆中，还有即将到来的感觉。就我对它的体验而言，酒是一个理想的、完整的物体，在这个意义上，我不能一下子体验它。这种酒在过去已经向我展示了它的一部分，而在未来还有一部分留给我。然而，并不是所有的项目，无论如何，都以我面前的酒为对象。没有注意到这个事实会导致严重的误解。一个描述性的项目，比如尽可能中性地写一套葡萄酒的分析品尝笔记，它的意图对象是葡萄酒，只要它表现出一定的感官特征。我们甚至可以说，严格来说，这里的对象不是酒，而是一系列的经历本身，按照离散的元素进行分类和布局。对象是离散的、确定的味道、质地和气味的偶然配置。每一个都可能在被认为是光谱分析对象的葡萄酒中有关联——至少，有这样的关联是上一章思想实验中探索的想法。但这种相关性并不是描述性品尝的真正目的；相反，这种体验是纯粹描述性的品酒师会倾向于采取额外的步骤，将这一系列的体验归因于葡萄酒。可以说，在这种情况下，不管我们品尝的是葡萄酒还是人工提取的精华，或者我们是否被插入了某种科幻小说中的体验机器，都没有关系。

另外，一个鉴定项目想要的是一个可以在葡萄酒世界中被赋予明确位置的物体，它的味道、质地和气味的配置对我发展的能力来说是"有意义的"。它的对象不是体验，也不是我面前的这杯特殊的酒。更确切地说，它的目标——品尝的东西——更有可能是来自某个特定生产商的整个年份的葡萄酒。这瓶特别的葡萄酒只是一种"载体"，通过它来品尝葡萄酒。尽管我们已经指出，不同的葡萄酒之间可能存在相当大的差异，并且这种差异会随着时间的推移而增加，但葡萄酒界[59]还是选择单瓶甚至几口葡萄酒来代表特定年份的特定葡萄酒。一个评估项目可以涉及几件事。第一，只是一份关于酒的宜人性或不宜人性的影响的报告（我喜欢它），这也可能是我认为对其他人来说是标准的喜欢（这是最好的）。这个项目的目标可能是一个特定的样本，甚至是几个生产商或一个地区的总产出。第二，可能是对典型性匹配完善程度的评价（这是X的一个很好的例子）。

第三，审美项目是评价性的。然而，它是可评价的，只有当它认为意向对象是那种可以展示美学属性的对象时。[60]毫无疑问，美学项目必须包括其他项目特有的行为，特别是描述性和评价性的行为，但作为一个整体，它与其他项目是不同的。在鉴定葡萄酒是来自这个地区的某个类型、生产商和年份的情况下，意向对象与审美评价项目中的意向对象是完全不同的。在后一种情况下，葡萄酒可以是和谐的、强烈的、复杂的——以及一系列其他的美学属性。

正如我们上面建议的，如果我的项目仅仅是试图描述葡萄酒，把一套详细的和"中性的"分析品酒笔记放在一起，那么有意的对象就是"这种葡萄酒，因为它是被体验过的，或者因为它向我展示了它自己"。尽管如此，我肯定没有察觉到这些属性，好像它们是分别从天上掉下来的；它们被认为是属于葡萄酒的经验。然而，当进行分析品尝时，一个人有意识地尽可能抵制任何从意向对象回到个人感知的决定效果。例如，我可能知道这是2003年的勃艮第白葡萄酒，但作为描述性的品尝者，这是不相关的信息（或欺骗），我必须努力消除这些信息的任何影响。在这种情况下，意向对象不是通往其他事物的中间对象，因此我可以说"那种气味很重要"或"那种味道很典型"，如果我正在学习分析性的、描述性的品酒，但对特定的葡萄酒本身并不感兴趣，而只是在学习识别葡萄酒的一些气味或其他感官影响因素，情况也是如此。如果我只是孤立地学习一种特殊的气味，然后依靠我对这种特殊情况的记忆，我学得很差。相反，我理解这种气味或味道已经是一个实例；它可能是一个强烈的或微弱的，特别甜或严厉的例子。这种特殊的气味正在通往一个意向对象，这个意向对象不再是一种特定的酒，甚至不是一种酒，而是这个对象的"类似甘草的气味"。

在第一章中，我们将葡萄酒的元素与管弦乐的元素进行了比较，并注意到在这两种情况下，从观察者的角度来看，这些元素至少有一部分是"混合的"，而鉴赏的部分工作就是将它们分开。我们又想起了休谟所描述的味觉的"微妙"。正是我们在文化上获得的能力，告诉我们在这个解开组件和关系的项目中应该寻找什么。同样地，将会有实际的能力，例如从经验中获得的"知识",来实际执行这种微妙的解开。然而,对于许多项目来说,同样重要的是以适当的方式将各种不同的元素集合在一起,并且与这些方式相对应的是能力。因此,从美学角度听音乐的项目需要一种活动和能力,这与录音工程师在混音台所需要的活动和能力明显不同,录音工程师在很大程度上需要听的是声景,而不是音乐。

因此,在第一章,我们也挑衅性地写到,纯粹的鉴别品酒师和纯粹的评价品酒师可能在他们的杯子里有相同的酒,但是品尝不同的酒。现象学的方法使得这样的陈述有意义,因为意向对象是不同的。然而,我们的方法也允许我们简要地评论客观性和相对主义的辩论。这场辩论最近由史密斯[61]和托德[62]雄辩地上演了。所以,想象两个品尝者,每个人都有不同的项目。他们是否对相同的元素(如"水果香味")有相同的味觉体验,但对那种味道有不同的评价(大体上,这是客观主义的立场)?或者他们有不同的味觉体验,*因此*对它们的评价也不同(再次,广义地说,这是相对主义的版本)?这是一个完全合理且非常重要的哲学问题。然而,有趣的是,总的来说,史密斯和托德在品酒时会或不同意某些条件，例如，个人偏好、个人敏感性或专业知识。类似地，他们大体上同意或不同意的含义——比如，品酒师在实践中必须小心谨慎。因此，鉴于我们在这里关注的是葡萄酒体验的审美可能性，我们希望通过使用现象学描述来暂时绕过这场辩论。

如果我们，作为哲学家，决定真正的东西是酒本身在品尝过程中遇到，那么我们将被描述为葡萄酒体验方面的现实主义者。另外，如果作为哲学家，我们决定真实的东西是可分离的、物理的东西，而不是其他东西——这是一个分析化学家可能对葡萄酒采取的项目，那么我们可能会得出结论，我们是相对主义者，因为我们对葡萄酒的体验相对于真实的东西来说是次要的。然而，从我的项目和意向对象的现象学描述的观点来看，这个决定无关紧要。从现象上看，讨论中的一切都是经验，如果我的经验总是有意的，那么我的感知真的属于有意的对象。然而，我们意识到意向对象并不是唯一真实的，因为其他项目也是可能的。换句话说，根据项目的不同，有不同的方法来决定什么是真实的，什么是衍生的现象。客观主义和相对主义之间的哲学辩论相当于一个问题，即哪个项目是最基本的，哪个项目处理葡萄酒的真实情况。然而，对于我和其他人来说，我们对葡萄酒鉴赏本质的现象学探究完全发生在经验及其意义的范围内。显然，我们把美学工程作为主要的研究对象。从形而上学的角度来看，这个项目应该用现实主义还是相对主义的方式来解释是另外一个问题。

如果在一个鉴赏项目中，两个现实主义者对一款酒的看法一致，那是因为他们*只是*在品尝同一款酒。如果他们不同意，那么他们将寻求共同的审议，每个人都试图说服对方；如果失败了，那么他们可能会或多或少友好地得出结论，他们中的一个犯了错误。如果进行同一个项目，两个相对主义者对一种葡萄酒有相同的看法，那么他们品尝的是同一种葡萄酒，但不是"简单的"；相反，它的相同是名义上的，是经验、操作规范、身体状态和偏好的机缘巧合的结果。如果他们不同意，共享审议仍将是可取的，因为这样一个巧合仍有可能实现；如果协议难以达成，那么他们可能会放弃而不会争吵。在这两种情况下，审美经验发生，关于审美评价的同意或不同意都是可能的，说服的批判性修辞是有意义的，因此，审美判断至少可以渴望主体间的有效性。在这个分析范围内，审美经验对于客观性/相对性的争论是中立的。

让我们继续讨论品酒的项目，以及葡萄酒作为意向对象向我展示自己的方式。就体验而言，这些元素都是有意义的，只要它们"在通往"整款酒的路上。因此，这些部分将与预期的整体相关联。在品尝时，我主要感受的不是甘草的味道，或口感的圆润，而是通过这种味道、这种口感等感受到的葡萄酒。这是许多作家的洞见，他们说，无论二级属性的概念引发了什么样的形而上学困难，"味道在葡萄酒中"或"味道说了一些关于葡萄酒的事情"。[63]因此，品酒师的陈述"我得到了甘草"中隐含的意思是"这款酒在它的一系列预兆中的一个特定点上展现出甘草的气味和/或味道"。因此，气味很少仅仅是一种气味，也就是说，它很少最初作为一个独立的抽象概念出现。[64]更确切地说，取决于我所从事的项目，它以部分实现一个意向对象的形式出现，意味着它被感知为某种东西。例如，它被认为是暗示葡萄酒来自某个地区/葡萄；或者相对于某些其他方面或者相对于整体失去平衡。意向对象总是在我的感知之前，并且部分是基于我发展的能力——包括我的相关经验储备——而构建的。这可能是为什么一个人在盲目品尝时不断寻找葡萄酒的身份——什么类别或类型对我品尝的东西有意义？——而不是坚持分析品尝模式，这种模式通常会提供类型的线索。

当然，即使在经历了它的过程之后，我仍然不能像体验一种特殊的味道或气味那样去体验整个葡萄酒。作为意向对象的酒，可以在我对它"顺其自然"的体验的意义上得以实现，但它不可能一下子全部呈现。因此，正如我们上面提到的，即使有意的对象是这种酒，它也有一种理想的元素，总是"超越"，可以这么说，我此刻正在经历的。因此，当酒给予或展现它自己时，意向对象也在相应地改变。这在纯描述性品尝的情况下尤其明显，在这种情况下，对象应该是一系列的经历，分离的离散元素，并进行彻底的完成。即使我确切地知道酒是什么，作为这种特定酒的意向对象正在变得满足。此外，它可能包含惊喜。例如，它可能是软木塞，有一些其他瓶变异或以意想不到的方式老化。这反过来会迫使意向对象甚至项目发生变化。因此，我感觉到的元素的具体质量取决于意向对象，但反过来也是如此。意向对象是我认为我要去的地方；这可能不是酒带我去的地方。"啊，"我可能会在盲目品尝后说，"毕竟，这酒是'Y'而不是'X'。奇怪的是，我收到了甘草的味道。生产商一定在为这一年份做些与众不同的事情。"即使在体验结束后，意向对象也可能改变。我可能需要一段时间来思考；我可能会重复品尝。稍后回到葡萄酒，也许我会发现它完全崩溃了，从"无声"变成了"绝对有软木塞味"，或者从"紧绷"变成了打开，展现了葡萄酒的真正奇迹。也许一个品酒同伴会问一个意想不到的问题，比如问我："你认为我花了多少钱买的？"而不是："你认为这是什么？"——让我从一个项目跳到另一个项目。也许在后来的品尝过程中，我想起了第一瓶酒的片段记忆，这让我重新思考对它的评价。

同样，许多葡萄酒专家和爱好者报告说，他们有过葡萄酒的"转化经历"。杰西丝·罗宾逊写道，她在1970年品尝了一瓶Chambolle-Musigny Premier Cru

Lesamore uses 1959，这是她的"转变"。"这是一款非常值得关注的葡萄酒……它的确让我意识到，葡萄酒可以改善生活，其原因远不止于酒精含量。"[65] "葡萄酒转换"是指一次特定的品尝揭示了葡萄酒特定的美学可能性，也就是说，揭示了一个完全不同的品尝项目的可用性，该项目可能对葡萄酒进行有意义且有回报的品尝。这些是一些例子，当一些感知集不仅戏剧性地影响意向对象，甚至强迫项目的改变。可以说，一个或多或少日常性的项目被颈背所占据，并被迫承认一个独特的美学项目的存在和有效性。然而，我们应该记住，审美的转变发生在已经在某种程度上有经验的品酒师身上，他们拥有一些关于葡萄酒的基本文化和实践能力。我们在第一章中指出，这些能力即使不是审美的充分条件，也是必要的。此外，从广义上讲，仅仅作为他们更广泛的文化中的一员，他们就会有一些与审美相关的能力。例如，这将包括在更广泛的美学范畴中"和谐"的含义。因此，虽然这种转变体验的确主要是由这种现象所推动的，但这并不意味着我们必须把这种审美现象简单地"融入"葡萄酒中，就像"甘草"这种更直接的特性一样。尽管如此，这种转变很少是完全的，从某种意义上说，"更多更高尚的原因"只是一瞥，而不是完全和清晰的揭示。正如罗宾逊所写的那样："这是一种厚颜无耻的肉，每一口都让我着迷，即使我觉得无法形容。除了咕哝和流口水，我怀疑我们甚至没有讨论过酒。"[66]因此，在下一章中，我们将谈到"原始审美"体验：愉快的可能性揭示，只是模糊地被识别或理解。[67]现象学方法的一个优点是，它给了我们一种理解活动内部（甚至之后）的动态认知互动的方式，在我参与的项目、作为意向对象的预期和经验之间。

解释了项目和意向对象的现象学之后，我们现在可以回到上面讨论的品尝实验。在白葡萄酒染成红色的实验中，该项目是对一种明显的红葡萄酒的描述，因此，受访者不假思考地使用了这种项目的认知资源——这里的"资源"是指属于其颜色稳定类别的显著性过滤器。由于受访者被要求描述葡萄酒，他们使用了这些过滤器附带的语言。然而，在像我们这样的非欺骗性版本中，项目是确定颜色。因此，虽然感觉到的颜色通常是主要的组织因素，但在这里它可以被反射性注意的行为所忽略。这样做的结果是，意向对象是葡萄酒，其颜色必须根据其他标准来决定。决策树（我们称之为决策树）最初更开放，这意味着回答者可以允许葡萄酒的其他通常不太重要的特征来决定树从哪里开始。很明显，项目决定了接近物体的方式，从而决定了感知的重要性。此外，我们已经看到，项目决定了葡萄酒的一些元素是否被注意到；并且至少在某些情况下，指定的项目看起来像是"制造"概念。这里还值得补充的是，我们对专业知识的重视程度与引导感知和信任有关。涉及欺骗情境的实验事实上可能比其他任何事情都更能告诉我们信任的作用。[68]

这个项目不仅是针对一个特定的意向对象，它还必须包含一系列的活动，如倾析、倾倒、旋转、嗅、啜饮和充气。同样，它将包括或假设一套能力，如我对这种类型的葡萄酒的概念或经验知识，我拥有和使用稳定类别并与他人交流的能力，我对什么会给我的约会对象留下深刻印象的知识等。因此，我们的主张是，审美欣赏的项目不是天真的，而是需要并预先假定能力，如我们已经概述的，连同一套主体间同意的实践，以及主体间有意义的描述性和评价性语言。如果没有这些，我的审美评估项目可能会默认为完全主观的反应，并且肯定会有被偶然特征过度决定的更高风险。[69]我的能力允许我以更大的可靠性"跃进"对葡萄酒整体的预期，从而将注意力引向与项目相关的特征。如果这个项目是审美的，这将可能借鉴几代人积累的品尝经验，我已经通过我以前的葡萄酒经验和我的文化知识内化了这些经验。虽然一种能力是我作为个人所拥有的，但它是通过品尝其他人品尝过、谈论过或写过的葡萄酒，通过我对认知工具如分类和"芳香轮"的熟练程度，以及通过与其他葡萄酒、类型或技术的重叠比较而获得的。通常，能力是通过与他人一起品尝获得的，其中至少有一个人可能比你更有能力，但在互联网时代，这不太可能是一个人获得能力的唯一途径，甚至可能不是绝对必要的。 不过，与他人一起品尝，让"引导感知"成为可能。这包括交流我们的感官和审美观察，以帮助彼此看到它们，这是任何美学领域中批判性修辞的一种重要形式。我们交流不是为了毫无表情地表达我们的偏好，而是在我、你和对象之间的一种"三角测量"中影响他人如何看待一个对象。这意味着作为一个合格的品尝者,你无论如何都是一个传统或群体的代表。在前一章中,我们介绍了葡萄酒是"丰富"对象的概念,在这里,我们可以清楚地宣称品酒师同样是一个"丰富"的主体。批评性修辞的作用将在接下来的两章中进一步探讨。

能力有多种功能:激发关于客体如何展现自身的期望,让人们对葡萄酒的成分有所发现或惊喜,引导我们走向新的意向目标和新的期望,或多或少严格地规定品尝可能具有主体间有效性的某些程序。然后,能力允许自上而下的显著性过滤器被适当地激活。然而,它们也意味着关注一个对象变得可能,这样自下而上的认知不会过度决定。例如,我的能力意味着我可以否决任何来自葡萄酒的颜色或温度的自然决定效果,比如上面概述的那些。显然,我们所说的能力,被认为是项目的一个重要方面,对于充分理解情境感知和解释是至关重要的。

美学项目

对于审美体验来说，对能力的需求更加明显。一个美学项目是必需的，连同作为实践的支撑它的活动和能力，因为美学的属性不是直接可以感觉到的。也就是说，它们没有被视为一系列项目的共同要素，尤其是描述性和分析性的项目。"和谐""强度""透明度""精细度"或"复杂性"不是单独的感觉，也不是一组感觉，它们也不能与葡萄酒的任何化学分析相关联或包含在其中，因此，我们在第二章的2015年和2030年情景中假设的葡萄酒综合分析不会在它们的读数中显示美学属性。这样的属性至少涉及感觉之间的关系。和谐可以在各种感觉中看到，而这些感觉又是属于这款酒的和谐的一部分。也就是说，审美属性是中间的意向对象，遇到正面评价（或相应的负面评价）。正如我们所见，意向对象对应于项目。只有在一个美学项目中，无论是一个人有意识地接受还是被现象"强迫"，美学属性才能出现。这就是为什么一定要有一个与众不同的审美项目，一个与众不同的审美能力。

"审美态度"包括试图描述一个人对待审美对象方式的独特之处。这是美学中的一个老生常谈，我们将在下一章中更全面地讨论，但在"项目"的背景下，越来越清楚的是，尽管品尝者的方法可能涉及特定的精神姿态，但更基本的是，它必须是一种利用相关能力来应用和捍卫审美判断的发展能力，以及一系列相关的精神和身体活动。这种差异本身就证明我们应该放弃"态度"的说法。审美体验包含所有这些东西并不意味着审美属性不真实，或者没有体验过，或者"仅仅是主观的"。然而，这确实意味着审美属性，以及审美体验，发生在品尝的审美项目中。[70]该项目假定了一套实践和一套能力。因此，举例来说，属性"和谐"不再是纯粹分析性品尝的意向对象的可能属性，就像"遗憾"不是数学论文的可能属性一样。

我的大部分审美体验都是"混合的"。在实践中，可能会发生这样的情况，其他非美学项目强加给我的影响可能会干扰我对审美上成功的对象的感觉，就像当我说我可以欣赏电影制片人的电影摄影的美，但发现内容只是令人不快。[71]通常在美学项目中有两个因素是不一致的：葡萄酒的丹宁酸处理得非常漂亮，令人愉快，但是它的果味与整体失去了平衡。似乎我们大多数的审美判断都是"混合的"，或者是指涉及一个以上的项目，或者同时涉及正面和负面的评价，或者两者都有。正如我们必须区分偏好判断和审美判断一样，我们也需要区分它们的负面体现。我们怀疑这种区分在消极方面可能更困难。一款美学上完全不成功的葡萄酒甚至不会是一顿烧烤的好大餐；事实上，在这种情况下，人们甚至不太可能考虑一个美学项目。也许只有当你期望更多的时候（顶级生产商的一瓶令人失望的酒），或者在混合判断中（单宁很美，但余味不连贯），你才会倾向于使用负面的审美属性。

让我们将美学项目与更宽泛定义的为感官享受而饮酒的项目进行比较。例如，在家庭餐桌上喝一杯便宜的葡萄酒，吃一碗意大利面。假设我完全关注了葡萄酒——而不是整体体验，这里的意向对象是葡萄酒，只要我（作为个体）碰巧喜欢或不喜欢它。我甚至不是在寻找审美属性。如果我真的喜欢它，或者如果它很好地补充了一顿饭，那就再好不过了。如果我不喜欢它，这不是一个很大的损失（如果它没有花费太多）。然而，作为一个审美项目的品酒师，因为审美判断所表现出的规范性，也因为它依赖主体间的文化规范和实践，我不是"独自"品尝这种葡萄酒，而是作为一个社区的合格代表。我感到自己受到一种约束或责任的负担，这种约束或负担是由我的同辈人先前的集体判断形成的，最终是由我所代表的文化群体的审美规范形成的。美学上不成功的葡萄酒令人失望，不仅是对我，实际上是对整个品酒界。对审美体验的希望已经逐渐消失。之前关于这个生产商或年份的判断甚至会受到质疑。另外，被认为在美学上成功的葡萄酒对其他人来说是一种珍贵的收获。对我来说，能在这里代表我的美学界是一种荣幸，因为一款精美的、美学上成功的葡萄酒正在展现自己。这种特权感似乎与物品的排他性和短暂性有关。酒是一种本质上短暂的东西，我品尝它就结束了它的存在。尽管我是第一百个或第一千个品尝这种酒的人，特权感依然存在。不是每个原则上能从审美角度体验这款酒的人都能做到。除了这样做的特权之外，我也感觉到正确判断葡萄酒的责任。这种特权感也是审美体验的一部分，这个结果与我们在第二章的分析相吻合。在2030年的情景中，严格来说，特权或稀有性被移除，短暂性在很大程度上变得无关紧要。只要我们认为这些因素是审美经验中偶然的和不受欢迎的因素，那就更好了。然而，我们对2030年情景的分析表明，在这种情况下，一些重要的东西将会丢失。因此，我们得出结论，尽管听起来很奇怪，特权感对我们品酒是至关重要的。有趣的是，美学上的成功也可能被情感上的阴影所掩盖：一些具有特殊美学属性的葡萄酒被认为是"快乐的"；其他人，通常有不同的属性，可能会遇到一个更平静、更让人反思的乐趣；其他人则感到惊讶或惊奇。

我们认为，所有上述情感反应可以有意义地说是葡萄酒审美体验的一个重要部分，因此，对其他人来说是规范的。然而，快乐不是。当然，快乐的概念在美学上可以追溯到很久以前。它被视为审美品质出现的标志，审美成功的标志，寻求审美体验的原因，以及重复或延长体验的动机。我们认为，并不是所有可以作为这样一种标志或这样一种动机的东西都可以被合理地称为"快乐"，驱使我在跑步机上再跑一英里的不是快乐，也不一定是对快乐的期待。当然，20世纪和21世纪的许多艺术在美学上的成功很难让人高兴。同样，"美"这个概念作为审美品质的名称属于一个悠久的美学传统，但在许多情况下似乎不再相关。试图将所有这些迹象和动机归结为快乐，可能是现代时期著名的心理学模型及后来的著名运动如功利主义的历史后果。可以肯定的是，对于我们和其他人来说，葡萄酒在美学上的成功是一件好的、有价值的事情。这些价值观本身可能会受到欢迎。但是这种价值没有必要伴随任何类似快乐的东西，属性和它们的值可能以其他方式受到欢迎。同样，除了它的美学品质之外，葡萄酒可能在纯粹的感官上是令人愉快的。然而，对于一个有能力的评论家来说，即使他们只是不喜欢这种风格，也有可能从美学的角度来评判一款葡萄酒。有些葡萄酒很难让人喜欢，但在美学上仍然是成功的。

此外，再一次，审美评价对他人来说是规范的，相关的情感反应也是如此。在其他条件不变的情况下，我希望别人同意我的观点。然而，当然，其他事情并不总是平等的。因此，A可以同意B的意见，认为这种酒很和谐，但也可以毫无矛盾地宣称"从整体上来说，这是一种失败"，或者甚至因为其他原因说"这不是我喜欢的东西"。尽管如此，当审美属性出现在经验中时，这种经验对其他人来说被认为是规范的；对它们的愉快反应也是如此。"你怎么会不觉得这很棒呢？"B说，怀疑是误解、错误或能力或实践的失败。[72]因此，审美判断的规范力量要求我们区分审美判断和个人偏好。当出现分歧时，我们可以讨论其原因——如果问题是个人偏好的问题，那就毫无意义。通过这场辩论，我们甚至可能被引导着改变判断。如果最初我们没有注意到一些重要的东西，或者如果我们的第一判断的原因被发现是缺乏的，因为它们与美学无关，这可能会发生。我们将在下一章讨论审美判断中批评修辞的本质。

请注意，在上面关于审美评价规范性的讨论中，我们仍然倾向于从品尝者的角度思考问题，并向外寻求其他人的帮助，这些人随后会理解并尊重这一判断，并表示同意（同样，前提是所有其他事情都是平等的）。同样的"向外努力"是"审美态度"的经典处理方式的特征。然而，朝另一个方向努力也同样有效。当形成审美判断时，我觉得自己受到了约束，或者承担了责任。做出判断的其他人会期待我的同意。想象一下，我买了一部小说，是基于对它的详细而正面的评论。我会在评论的基础上，把小说看作是在通往一个特定意向对象的路上。不过，很快，我将有两个有意的目标：一个基于评论，另一个通过我自己的阅读得到发展。我所读的意思摇摆不定，一方面是这个，另一方面是那个。但这两者并不是中立的。在某种程度上，我认为审查者是有能力的，我对第二个有意的对象持怀疑态度，我反复检查我正在进行的项目的有效性——它在本质上真的是美学的吗？——每当两者出现分歧时。有时，我甚至会感觉到评论家正紧紧盯着我，评判我是不是一个合格的读者。无论如何，证据表明，通过我自己的阅读出现的意向对象可能是错误的，因此我要格外小心。

比方说，如果我是一个品酒小组的初级成员，这种被关注的感觉可能是真的。我出于审美原因而感受到的规范约束，很可能与我自己在权威和权力关系下的感受重叠，即一种明显的社会压力，或许还有对看起来像个傻瓜的恐惧，这两者本质上都不是审美的。不过，如果我是第一个品尝新葡萄酒的人，或者我是高级会员，这种限制也同样真实。作为一个有审美能力的人，我不可能是第一个使用"和谐"这个美学术语的人，因此，我承担有效使用这个术语的主体间条件。正如我们在第一章和上面所表达的，在审美项目中，我不是"在这里"独自品尝，而是作为品尝者群体嵌套系列的代表，最终代表我的审美文化。这是我通过引导感知所获得的能力来实现的，尤其是对于普遍接受的部分或全部美学上成功的葡萄酒的例子。（我们将在第五章讨论酒的"正典"的意义。）同样重要的是我与其他品尝者分享的语言和概念，以及我们都参与的实践。

一个项目预先假定了它的意向对象，以任何适合于该对象类型的形式。在审美的情况下，这是葡萄酒作为一个整体，因为它有可能表现出美学属性。正如我们之前提到的，即使是在我们熟知的葡萄酒中，惊喜也总是可能的。在这种情况下，我们的经验迫使项目瞄准一个不同的意向对象。就美学项目而言，惊喜元素更加激进。从一个重要的意义上来说，我在从事一个美学项目时是冒了风险的：成功的可能性可能相当小，或者成功的形式可能与我预期的不同。给朋友或熟人端酒时，我不得不问自己这瓶酒是否会达到我的预期，这是基于之前品尝过的同一瓶酒；以及我所创造的环境是否经得起葡萄酒充分展示自己。同样，即使品尝一种我很少担心的葡萄酒，也不可能预先确定审美体验将如何从感官元素的洪流中涌现出来。当然，我仍然可以用所有通常的方式享受葡萄酒；但是我冒险尝试，我也可以带着一种惊奇、惊讶甚至是解脱的美感来体验它。美学传统描述审美愉悦的部分原因是失望或惊讶。一些东西突然或短暂地出现在普通世界，我们日常的存在中，超越了它。因此，举例来说，"阴沟里的花"的陈词滥调——在最肮脏或最普通的环境中意外发现的美丽事物，我们认为这与始于沙夫茨伯里的英国美学传统的柏拉图式和反唯物主义根源有关。同样，"不寻常"或"小说"在艾迪生那里也是一个审美经验的范畴。[73]我们认为这种惊喜是审美体验的一个固有方面，而不仅是一点儿额外的调味品。

我们对美学属性的讨论可能会趋向于对葡萄酒美学本质上是形式主义的描述。形式主义美学倾向于认为审美对象主要由内部形式结构或关系来定义。例如，我们可能认为抽象绘画中的"和谐"概念仅仅是画布上大量颜色的分布；同样，一首音乐作品的"复杂性"可以从音符序列之间的**历时关系**及和弦的**共时关系**来理解。上面，我们声称审美属性是意向对象的"方面"——这难道不是把形式特征视为审美对象的内部特征吗？然而，在形式主义中，形式被认为仅仅存在于绘画或音乐中，与我对它的判断相分离。同样，被视为形式的审美对象被视为与艺术或美学的传统、任何历史或政治背景（例如宗教实践或政治参与），以及观众、听众或品尝者可能带来的任何文化期望隔绝。以上我们认为，审美属性依赖被体验的对象，也依赖审美社区的能力和资质，以及共享的文化知识。因此，形式并不简单地存在。更确切地说，审美属性来自主体对客体的体验，主体带来了他或她的知识、技能和经验。

我们认为形式主义（formalism）——更一般地说，美学中的"形式"概念——带有视觉或听觉偏见。由于这些感官在远处"活动"，并且处理的对象被认为更容易被公众获得，视觉和听觉对象似乎与判断主体有更大的独立性——换句话说，更大的客观性。因此，我们认为，美学倾向于以这种方式思考所有的美学属性；或者，事实上，认为缺乏这种独立性的品质是没有审美形式的。换句话说，美学已经把自己逼到了一个角落，在那里它发现很难接受最接近感官的物体可能展示出美学形式的可能性。这种视觉或听觉上的偏见需要被质疑，显然对葡萄酒鉴赏的调查将会做到这一点。我们相信我们已经展示了语境关系对于葡萄酒审美的必要性。即使是形式上的品质也不应该被理解为"存在于"对象中。当然，它们的出现是为了成为意向对象。然而，如上所述，这与归因于物理对象或我们一直称之为"直接的"感官体验是完全不同的。

这种形式主义完全符合我们在第二章中对2015年和2030年葡萄酒思想实验的积极回应。然而，我们在那里争辩说，我们不应该毫无保留地对这些情况持积极态度。这提供了进一步的理由，用一种更"情境主义"的，而不仅是形式主义的美学思想来研究品酒的现象学。在我们对思想实验的讨论中，有两种反对意见。第一种反对意见与某些文化价值观有关，例如失去了与风土的直接联系（特定的地理和文化生产地），或者失去了葡萄酒作为一种多变和短暂现象的体验。从美学的角度来看，只有当我们的美学模型是语境主义的——从物体在文化、社会和历史中占据一席之地的方式中产生的审美反应——而不仅是形式主义的时候，这些反对意见才有意义。审美体验的不是物体本身，而是被置于其环境中的物体。第二组反对意见更为实际，主要的例子是，在这种条件下，2030年后品酒所需的相关品酒能力将无法发展。然而，我们认为，在一个纯粹的形式主义美学模型中，即使是这些考虑也是不相容的。例如，在第一章中，我们开始了证明合格的葡萄酒品尝所针对的有效性类型是"主体间性"的过程，这意味着它在历史上特定的品尝者群体中具有有效性。在下一章，我们将研究这种语境主义美学的含义，例如，审美经验与更广泛的文化价值及葡萄酒世界的制度之间的关系。第四章和第五章也将进一步充实美学项目的概念，以及支撑它的各种能力和实践。

葡萄酒不是属于实验室的物品，而是属于人类实验对象，一起品尝和学习。审美经验当然包括认知类型，既有认知科学探索的"低级"认知，也有哲学和美学传统保留的"高级"认知。但是，正如我们所展示的，我们需要比认知更多的东西，狭义地考虑，来把握作为一个对象的葡萄酒的丰富性。我们还需要引入文化、传统、语言和社区；我们需要把品尝者看作是他或她的同龄人的代表，最终是他或她的文化的代表，以及这个职位带来的责任和特权。在这一章中，我们尝试了一种品酒的现象学，以提供一种能将葡萄酒体验的认知、文化和公共方面结合起来的模式。

注释：

1 例如，我们将在第四章和第六章讨论著名的"风土"概念。
2 Morrot et al.（2001）.
3 Morrot et al.（2001）：312.
4 有趣的是，这与Hughson and Boakes（2002）的结论相反，他们认为葡萄品种的知识是葡萄酒专家葡萄酒香气的主要排序原则。
5 然而，需要注意的是，在这个实验中，受试者既能闻到也能品尝到葡萄酒。
6 Morrot et al.（2001）：309.
7 Parr, White and Heatherbell（2003）.
8 在帕尔等人的实验中，回答者只能依靠嗅觉。

9 为了避免操纵实验来满足我们的期望，我们确保红葡萄酒和白葡萄酒在某种意义上是"接近的"，即它们不会显得过于单宁（红葡萄酒）或稀薄而酸性（白葡萄酒）。相应地，红葡萄酒是来自勃艮第的黑皮诺，白葡萄酒是来自同一地区的莎当妮。生长在凉爽气候下的黑皮诺通常被认为是一种"最轻"的红酒。

10 这些实验的结果于2011年首次以挪威语发表（Skilleås，2011）。查尔斯·斯宾塞写道："如果人们被明确告知被评价的葡萄酒可能被不恰当地着色，他们是否还会在感官冲突的情况下被'愚弄'，这是一个悬而未决的问题。"参见Spence（2010a）：127。我们认为这个悬而未决的问题现在已经解决了。

11 即使最好的勃艮第白葡萄酒，建议饮用温度14℃；勃艮第白葡萄酒属于较低的类别，最好的温度可能在10℃左右。参见Johnson and Robinson（2007）：45。

12 Morrot et al.（2001）：316.

13 根据Goode and Harrop（2011）：169的观点，仅挥发性分子就超过800个，然后还要考虑味道和其他感官。

14 Morrot et al.（2001）：317.

15 "稳定"是指该概念可以在若干事件中一致使用。

16 Ballester et al.（2009）：203.

17 Spence（2010a）.

18 Ballester et al.（2009）：212.

19 Ballester et al.（2009）：211.

20 James（1890）：403–404.

21 参见Knudsen（2007）对这一点及相关概念的全面讨论。

22 这也适用于更普遍的情况。参见Gregory（1997）对这一观点的精彩讨论。

23 McClure et al.（2004）：379–387.

24 McClure et al.（2004）：385.

25 这与科学方法论中"单盲"的含义大相径庭，但这正是该杂志描述了解地区和年份，但不了解葡萄酒或生产商身份的立场。

26 《精品葡萄酒的世界》30（2010）：151。这是来自该杂志品酒协议的社论，它出现在每期品酒部分的开头。

27 为佐证论点，参见R. Stevenson（2009）：139–158，以及Goode（2005）：173–174。短语"完全交织"来自史蒂文森关于葡萄酒专业知识的结论，参见Stevenson（2009）：146。

28 Scruton（2007）：4 ff., and "The meaning of wine" in Scruton（2009）：117–137. 不同的评论参见Sibley（2001b）：211。

29 Scruton（2007）：4–5. 更多关于斯克鲁顿如何使用"再现"，参见 Scruton（1981）。

30 也不像斯克鲁顿有时做的那样，带着相当刻板的怀疑态度。品尝是为了确保外来的气味不会进入我和杯子之间。在这方面，这些实践非常成功。没有哪个正常人会在金枪鱼罐头厂举办品酒会。

31 Scruton（2007）：7.

32 Scruton（2007）：7.

33 Smith（2010）.

34 Wittgenstein（1958）, part II, section xi.

35 Scruton（2007）：7.

36 Todd（2010）：131.

37 Sweeney（2008）：215.

38 Bender（2008）：129.

39 Scruton（2007）：5.

40 Rowe（1999）.

41 Bach（2007）and（2008）.

42 Lehrer and Lehrer（2008）.

43 这也得到了Hughson and Boakes（2002）的支持。

44 In Crane（2007）.

45 Crane（2007）：153.

46 Crane（2007）：152.

47 由埃德蒙德·胡塞尔开发。然而，关于"项目"的概念，我们更应该感谢马丁·海德格尔，他强调了意向指导的"实践"和"世俗"方面。值得注意的是，这里的现象学并不意味着描述性内省，这是该术语在现有的葡萄酒文献中的用法，见Scruton（2007）：7。

48 例证参见 Langlois et al.（2010）：15–22。

49 德语：色调的明暗层次Abschattungen。

50 这似乎就是Todd（2010）：146–147所说的"经验对象"，然而，从这样一个经验对象的角度来看，"物理"对象要么是一个不同的意向对象（一个生物化学家研究的对象，只要他或她实际上没有喝葡萄酒），要么是我可能拥有的关于经验对象的一类知识（例如，X的味道可能是由葡萄酒中Y的存在引起的），它只有在帮助经验时才有意义。

51 Sartre（1970）：4–5.

52 像贝克莱这样的哲学家可能会说，这种反常及实现这种反常所需要的努力，正是哲学相对于普通的、天真的经验所需要的。例如，见Berkeley（1977）：65中著名的关于"用苹果之名所指"的"思想集合"的讨论。另见Russell（2001）中关于感觉数据的著名讨论，尤见chs. 1和2。这种经验主义的传统不仅将这些要素视为主要的，而且视为唯一真正存在的精神现象。我们不打算争论这一主张的形而上学。我们应该指出，这里的现象学大体上与另一种传统一致，这种传统从柏拉图到康德，唤起了概念的首要性。另见Sellars（2000）。

53 作为意识的对象，它在上述意义上仍然是"理想的"。

54 Valentin（2011）.

55 胡塞尔以这种方式区分了意向作用与意向对象。

56 分析参见Burnham and Skilleås（2009）：102–107。

57 参见See R. Stevenson（2009）above。

58 工作记忆（更多指短期，针对手边的任务）当然是必要的，但情景记忆也是必要的，情景记忆可以说包含品尝其他相关葡萄酒的记忆，语义记忆包含与所接触的葡萄酒相关的言语知识或"常识"。

59 第六章将给出我们对"葡萄酒世界"的更全面的理解。

60 我们将在本章末尾更全面地讨论美学属性。

61 Smith（2007）.

62 Todd（2010）.

63 最有力的例证参见Smith（2007）：58–9。

64 参见以上斯克鲁顿的讨论。

65 Robinson（1997）：31.

66 Robinson（1997）：31.

67 只有当我们认为这些本质上是天真的，而"完整的"审美体验仅仅是对前者的分析而不是强化，我们才会不得不再次面对巴赫的唱反调。

68 我们将在第五章详细讨论信任问题。

69 关于葡萄酒品尝中主观性概念的出色考量和批判性剖析，见Smith（2007）。另见Bender（2008）and Todd（2010）。

70 这里有人可能会反对：既然我不知道如何建立一个美学项目，除非有先前的经验，这个项目怎么可能先于经验呢？先有鸡还是先有蛋？假设第一个美学项目已经落实，第一次美学体验就已到位。请参阅我们在上文和第四章中对"原型美学"体验的讨论。

71 佩金帕的《荒野大镖客》（*The Wild Bunch*）可能就是一个例子。

72 当然，这种对审美的规范性的解释在很大程度上要归功于Kant（1987）——参见第22节。

73 参见Addison and Steele（1891）。

第四章 葡萄酒中的美学特质

The Aesthetics of Wine

加那利群岛白葡萄酒及其他

我们第一章介绍了实践、鉴赏、素养和审美属性这些概念，其重要性在我们对作为对象的葡萄酒与认知的讨论中逐渐显现，现在我们将把目前的发现与美学中的一些核心问题关联起来，这也是进一步阐述我们上一章末提出的项目中的"审美能力"概念的最佳背景。不过，首先要谈一谈加那利群岛白葡萄酒这个小话题。

同休谟一样，康德需要找个例子阐明美学观点时，他也把目光转向了葡萄酒。

至于令人愉悦的事物，每个人都承认自己的判断（基于个人感觉并据此说他喜欢某个对象）也仅限于本人。因此，如果他说加那利群岛白葡萄酒令人愉悦，而有人纠正他的说法并提醒他改为：它对我而言是愉悦的，那他会非常满意。[1]

加那利群岛白葡萄酒片段中的观点与对于感官上"令人愉悦"的事物（我们在别处称之为享乐）的判断和对品位的特定审美判断（若是成功，将产生审美愉悦）之间的区别有关。前者直接主观，其有效性仅限于个人，而后者是主体间的（正如我们在第一章对该词的解释那样）。然而，加那利群岛白葡萄酒是该时期的优质葡萄酒，而非随意选的一款酒。[2]因此，康德分析中所选的酒预先排除了以下异议：大多葡萄酒虽均涉及感官偏好上的判断，但仅有部分优质葡萄酒具有审美性。无怪乎，从其著作《从实用主义角度看人类学》（*Anthropology from a Pragmatic Point of View*）中可见，康德分析的根源在于对诸感官的处理。

康德在该书中这样说道，我们可以赞同一个悠久的哲学传统主张，即触觉、听觉和视觉"比主观更客观"，而味觉和嗅觉则相反。[3]康德的意思是，后两种感觉与享受（或其反面）的关联甚于对对象的认知。我们从味觉和嗅觉中得到的是一种直接的喜恶。若无"更客观"的感官施以辅助，两者均无法产生认知；比如，我们可以同时运用嗅觉和视觉确定是*什么*产生了难闻气味。[4]这意味着嗅觉和味觉作为"化学"感觉是被动的——康德甚至将拥挤房间中的难闻气味视为"对个人自由的妨碍"。[5]嗅觉和味觉因而成了康德最愿意牺牲的感官，尤其是"对之加以培养或改进于我们并无益处"的前者，也就不足为奇了。嗅觉带来的任何愉悦皆为转瞬即逝，且多数情况下它带来的反倒是不悦，因为其主要用途与人类的基本生存有关：气味提醒我们什么东西不可食用。有趣的是，我们应顺便指出，康德并未说气味不能培养。味觉比嗅觉更高一层，[6]因为它至少可以扮演"陪吃"角色，而在重要性的另一端，耳聋（除非用唇语弥补）是最孤独的感觉障碍。现在看来，嗅觉和味觉"更主观"这一观念与加那利群岛白葡萄酒片段最为直接相关，因为其中的关键是判断的普遍性。如若感觉必然是主观的，那么关于嗅觉或味觉的判断就会在人们之间表现出不可简化的多样性。而正是那些感觉本质上是非认知性的观念在涉及审美判断问题时才是决定性的。

对康德而言，认知指将理解的概念与某种直觉相结合从而能够认识事物的心理活动。因此，味觉和嗅觉直觉不会产生认知，这意味着不存在仅从这一来源得出的经验概念，[7]这些概念若无辅助也无法用于味觉或嗅觉。对康德而言，审美判断涉及机能之间的和谐——理解力就是其一。[8]因此，审美体验虽不受任何概念限定却与认知密切相关。[9]相应地，康德对形式的强调也是出了名的。对于康德，即使是颜色，也只有在服务于形式时才于审美有益。如上所述，嗅觉和味觉与认知无直接关系，因而甚至不能为形式**服务**。因此，我们可以想象，在康德看来，诸如葡萄酒之类的对象只能通过嗅觉和味觉来理解，因而不可能是审美判断的对象。这就是为什么我们在第三章认为有必要批判性地与肯特·巴赫或罗杰·斯克鲁顿等赞同康德对认知和葡萄酒的分析的哲学家进行交流。

当然，我们不必同意康德在其《从实用主义角度看人类学》中提到的传统。即使我们接受嗅觉和味觉在某种意义上"更"主观——带来了某种认知（在康德对该词的理解意义上）困难，在统计上也更不可靠，它们也必然不仅是主观的，它们能够产生认知。这正是我们在第二、三章关于葡萄酒科学实证工作的讨论所证明的。诚然，葡萄酒可能是一个模糊的对象，葡萄酒体验也可能比视觉体验更易上各种陷阱的当（比如大酒瓶花招）。然而，这些都无法阻止有能力的品酒师遵循惯例，**形成**、**应用**和**交流**各种类型的味觉和嗅觉元素概念，且具有相当的可靠性。另外，即使康德的观点正确，即味觉和嗅觉若无其他感官指导就无法运用这些概念，但这种指导通常是可获得的。撇开试验和设定为骗局的伎俩不谈，葡萄酒鉴赏实践确实很好地利用了颜色和温度——因而也就运用了视觉和热感。盲品并非真的盲目。这还不算上一看到标签就会触发的强大文化素养。如此看来，康德对味觉和嗅觉的分析可谓大错特错——与他有关的那个至少可追溯至柏拉图的悠久哲学传统也搞错了。[10]将嗅觉和味觉对象排除在审美之外的前提就是错误的。这意味着我们还是有充足理由使用康德美学论述中的其他观点和分析，以建立我们的葡萄酒品鉴模型。我们正是这样做的。例如，我们在第一章中明确表示，西布利对美学属性的解释本质上是康德式的。此外，我们甚至可以挽救《从实用主义角度看人类学》中的某些观点：如社交的重要性或嗅觉和味觉固有的短暂性。

葡萄酒，与艺术的类比和表达

在这本书中，我们一直在努力避免将葡萄酒与艺术混为一谈。葡萄酒并非艺术，大多评论员都赞同这一点。事实上，蒂姆·克兰（Tim Crane）[11]觉得自己有能力唱反调。为了驳斥葡萄酒非艺术的论调，他排演了所有与之有关的标准论点，但最终，他却推翻自己之前的所有论证，转而支持标准观点。在这种特技表演背景下，乔治·迪基对艺术的定义很可能存在同样的问题，因此，存在问题的还包括某些版本的制度理论，它们声称艺术可由某些过程和决策而非对象或经验的特定属性来定义。一些作者，如罗杰·斯克鲁顿[12]或肯特·巴赫[13]竞相得出进一步结论，即葡萄酒根本不可能具有美感。我们在第三章已就此提出异议。然而，有一个中间立场更吸引人也更站得住脚，即葡萄酒可以使审美体验成为可能。与克兰[14]和凯恩·托德[15]一样，我们也赞同该观点。然而，由于最广泛讨论的审美体验来源是艺术，我们又回到了最初的问题上。不过，该问题改头换面后变成了这样：葡萄酒并非艺术，但将其与艺术类比或可有所启发，因为两者均可视为审美体验的对象。这样的类比有多大价值或有多大误导性？

托德的论证确实有些过火，尤其是他在讨论中将葡萄酒作为人工制品，作为制造商有目的的活动的产物。[16]托德试图建立一个对于葡萄酒富有表现力的描述。因此，他需要声称——再次与艺术和艺术经验类比——葡萄酒商的决策"可以被探测并视为葡萄酒本身的表现力"[17]。我们认为他此处的论点并未达到其理想程度，总体而言，整个关于葡萄酒与艺术的类比就是一场徒劳的追逐。到目前为止，大多数葡萄酒商并未将自己当成某类艺术家，他们只是在特定年份限制下，努力酿造出最好的酒，并以此谋生，也许还尝试使某些东西（比如他们葡萄园的特殊品质）闪耀其间。无论如何，很难说葡萄酒商打算凭比"用能用的材料酿造出的尽可能好的葡萄酒"这一表述更精确的东西来获得成功。当然，他们不是什么东西都"能用"，而是要——特别是在许多欧洲葡萄酒生产国——受法律法规约束。许多酒商希望他们的葡萄酒能够彰显出比诺葡萄或设拉子葡萄的精髓，它们的中气候、**风土**[18]或所属葡萄栽培传统。"佳酿通常出自谦虚的人之手，他们会说自己只是在给葡萄园干活——尽管依我的经验，这多为虔诚的假装罢了。事实上，许多关键决策均取决于精准的人为干预。"[19]当然，这些决策是有意为之的，而葡萄酒也是人类技艺的结晶。但这种意图不同于画家作画时可能怀有的意图。葡萄酒商的决策与艺术中的表达之间仅有微弱联系，艺术表达通常是审美意图、感觉之类的表达，而作为黑比诺或具有特定产地和时间首先即是葡萄酒本身，而非内容或信息。

此外，做某个决策与结果之间并无必然联系。葡萄酒不像颜料那般可据意图而随时变化，天气即是超出葡萄酒商控制范围的最重要因素。鲜有葡萄酒商能消除年份对感官的影响，尽管他们可能会尝试。一些最好的葡萄酒是由天赋经验兼备的葡萄酒商酿造的，但他们在葡萄园或酒窖中酿酒时并没有想着"和谐""品质"或"细腻"等这些美学概念。缺乏审美意图是否会有碍葡萄酒的优质？显然不会。例如，一些香槟酒庄肯定具有某种"酒庄风格"，因此，首席葡萄酒商须通过混合多种基酒和陈年酒[20]来酿造香槟酒庄的"招牌"葡萄酒。此外，一些葡萄酒原料（比如，用来赋予葡萄酒一种特殊风味的培养酵母）制造商[21]可能会协助酿酒商酿造出符合他或她意图的葡萄酒，比如，酒商可以决定不让苹果酸乳酸发酵从而使酒的酸度更高。然而，影响成品品质的因素众多，其中很多完全或部分受制于酒商不可控的因素。葡萄酒商最多只能根据过去积累的知识、酿过的酒及其成品，以及每个酿造年份的独特特点尝试开辟出一条道路。

葡萄酒商与画家的区别不仅在于画家有更多自由。葡萄酒商根本不能按照康德式或浪漫主义艺术美学模型来理解，对酒商而言，独创性或创造力是绝对核心特征。上述艺术美学思想可谓仍以这样或那样的形式主导着当代艺术和文学话语。而葡萄酒商更像文艺复兴时期著名雕塑家的著名形象，他在大理石上精雕细琢以释放其中的形式。这种活动中确有技巧远见，但艺术家——可以说成是具有某种意图的人——就是"自然"或"上帝"。那么，像苏格拉底一样，葡萄酒商就是**助产士**。在知识、技能和传统的指引下，他或她有意释放葡萄中的可能性，也许只要葡萄是在特定地点或以特定方式种植的。因此，像"真实性"这样的东西——在无不必要删减或增添情况下释放出休眠的东西——或许是任何意图所能达到的极限了。这还不足以让托德就葡萄酒的表现力甚至情感[22]建立他雄心勃勃的论点。托德通过表现力的概念使葡萄酒更接近艺术的尝试失败了，其主要缘由是葡萄酒界并非以葡萄酒对酒商决策的表现力来品鉴葡萄酒的。事实上，葡萄酒并非因此而受珍视。正如我们在第二章思想实验中所见，葡萄酒的价值部分在于其多样性和对意外影响的敏感性。酿出完美葡萄酒的前景并不像人们预想的那样受青睐，未来的科学家葡萄酒商酿造出有着可预测的、可靠表现力的葡萄酒的意图也并非完全会受欢迎。因此，在下文中，我们尝试将艺术与美学分开，并尽量避免依赖葡萄酒与艺术之间的类比。

我们开始讨论时承认审美体验主要与艺术品有关，这一点通常没错，但绝非必要。艺术的目的可能与审美体验和审美属性无关，但与我们赋予艺术品的价值有关，忽视这一点会导致对该艺术品的严重误解。此外，过去百年间，许多艺术、音乐和文学批评分支均持美学无必要或完全不信任美学的态度。比如，作品可能传达强烈的政治、道德或社会信息，或有助于观众以全新的方式看待世界的某些方面。人们似乎不必为了欣赏一件作品的这些方面而从事某个美学项目。但是，当美学成为其他意义的门户或载体时，我们对艺术最惊奇的体验就会发生，其中各种美学项目会相互助益。[23]

如我们所知，我们现在可以围绕某一种葡萄酒开展其他完全有效的项目，这些项目可能与我们赋予它的价值有很大关系。让我们用"美酒"[24]来简称称职品酒师期望表现出一些美学成功的特征的一类酒。可以这么说，作为一个类别的美酒是善妒的，它要求**被欣赏**。其他项目均不构成与此类葡萄酒"关联"的重要方式。从美学项目角度来看，仅因价格高昂而喝美酒的人是势利小人，仅因其不寻常的酿造技术而喝美酒的人只是新奇事物的收藏家，凡此种种。当然，这些项目并非不可能，但似乎缺少了一些重要的东西。

那么，检测和确定风土的项目又当如何？正如我们将在第六章更全面地加以讨论的那样，风土指的是比土壤更广泛的东西：我们会把气候、葡萄园的种植、酿酒策略和决策及涵盖上述诸因素的葡萄栽培传统皆纳入这一范畴。因此，将风土与勃艮第和波尔多放在一起讨论合情合理，在勃艮第，葡萄酒的"身份"通常与特定地点有关，而在波尔多，葡萄酒的"身份"则是一种财产——通常是城堡。因此，人们也许可以一种意味深长的方式谈论起风土，比如甚至是在葡萄来自其他种植者或地点的情况下。

确定风土并非一件微不足道的小事，尽管它可能独立于美学项目。当然，我可能闻出某种酒的比诺葡萄特征，无论其酒品优劣。我可以通过它的味道推断出某些酿酒决策，甚至可以在一种中等葡萄酒中尝出特定土壤的独特味道。因此，风土项目并非优质葡萄酒独有，尽管更优质的葡萄酒往往比"次等葡萄酒"在品种和产地方面具有更清晰的印记，而产量较低可能是造成该趋势的部分原因。然而，真正的佳酿与产量无关，其口味通常具有一种"透明度"，清晰地呈现出产地印记。因此，我们认为就土壤（或葡萄藤的处理方式、酿酒决策与传统）而言，重要的并非酒中存在的某种味道元素，而是通过技巧、知识和一定的运气，风土也可以成为伟大事物的来源。换言之，风土之所以重要，是因为它可以酿造出美学上成功的葡萄酒。那么，风土就不仅是土壤、气候或文化因素的集合，而是那些使审美体验成为可能的因素。不过，它不只是任何一款在美学上成功的葡萄酒，而是在美学上成功的同时，还是一个*风土项目*的明确对象，也即在对其风土"真实"的意义上也是成功的。这两个项目相辅相成。在这样的葡萄酒中，葡萄酒在美学上的成功展现出一种非凡的可能性，比如，这种可能性属于其原产地的土壤。也就是说，如果一款葡萄酒在任何重要方面都"真实"于其源头，那么这是基于其美学成功，而不是反过来。

艺术可能具有让观众以新的方式看待熟悉事物的效果。如今，许多人对某种特殊葡萄酒的"转变体验"（我们之前已经讨论过）与某些艺术品产生的这种效果固然有着重要的共同点，然而，这种"转变体验"恰恰是审美的（而不是一种可能迥异于审美的目的），也是向内看的，与葡萄酒和葡萄酒体验有关。以往并未想到一种液体可能提供这种体验的人，从此开始以新的眼光将它看作这种现象的一个实例。这种效果似乎并无明显的"附加值"——不像读了陀思妥耶夫斯基后开始认为人性本质上是脆弱的，或读了埃里希·玛丽亚·雷马克（Erich Maria Remarque）后对一战中死去的人产生同情；相反，它就像沙夫茨伯里（Shaftesbury）、休谟和康德最初描述的那样，是自成目的的，其本身即是一种价值。

然而，这样的结论可能再次唤起人们对葡萄酒微不足道这一论调的忧虑。如果我们对葡萄酒体验的讨论不过是其内在特性带来的一丝审美愉悦，那么我们似乎更接近康德对单纯品位的描述——康德给出的例子是优雅的餐具，或文字精美的道德专著。[25]葡萄酒不是唯一的甚至可能不是最重要的审美对象，但这并不意味着它微不足道。我们千万不要误解自成目的的意思。康德之所以贬低单纯的品位，是因为它只是其他事物的"载体"，本身没有任何意义。我们推测，托德热衷于表现力的缘由之一是想通过发现葡萄酒体验的意义或内容来回应对葡萄酒微不足道的指控。我们虽同情他做出的尝试，但认为表现力是错误的解决方案。而我们则提出了真实性这个概念。美学上成功的葡萄酒可以将历史、传统、土壤、气候和精良的工艺融为一体。此外，虽然葡萄酒体验在表达的意义上可能并不像交响乐那样"丰富"，但它可能也并不比交响乐简单。因此，我们在视觉或听觉之外的领域发现了一个高度复杂的对象，它需要一定的记忆力、想象力和感知敏锐度。因此，对葡萄酒的审美鉴赏确实扩展了人类感觉和思维的可能性——它使我们能够追求近端感觉的认知和审美可能性。葡萄酒品鉴通过自成目的的审美体验而再次具有了相当大的价值。此外，葡萄酒审美鉴赏兼具社交价值。任何葡萄酒，甚至是朗姆潘趣酒，都可以在聚会上发挥作用。然而，分享一种特殊或优质的葡萄酒可以形成一种不同的群体，一种其他方式无法实现的团体。成为美学群体一分子有其价值；它是人类生活和福祉的一个重要方面。此外，我们在第三章结尾处讨论了短暂性、惊喜和特权美学——第二章2030年的情景所阐明的价值观。经过一番思考后，且一旦我们超越长期存在的、相当狭隘的艺术和美学传统所建立的偏见，这些以前用来贬斥葡萄酒体验的价值观就会转变为积极的价值观，开辟出长久以来为西方传统所忽视的审美体验新路径。在继续考察葡萄酒的美学特性之前，我们需要进一步探索狭义上的审美价值观与更广泛的文化价值观之间的连续性。

杜威

在该背景下，约翰·杜威（John Dewey）对我们来说是一个有用的参考点，不仅因为其叙述中有很多我们赞同的观点，还因为他从近代美学主要关注的话题之外看待问题，从而为我们提供了耳目一新的不同视角。鉴于此，其著作提出的挑战要求我们更清晰地阐释和提炼我们提出的几个主要观点。

我们认为审美属性和体验是独特的，而杜威的主张与我们的理解形成鲜明对比，即它们与其他形式的体验具有本质上的连续性。[26]审美体验就像那些同样可以在日常经验中找到、经过稀释或碎片化的意义元素和价值的浓缩或蒸馏物的最大值。这是因为日常经验和审美经验均属于并在某种程度上反映了一种完整的、有组织的、历史的生活方式。杜威的视角产生的一个结果就是一种高度民主化的美学：这种体验并非少数人的特权，艺术（作为这种体验的来源之一）也并非深奥、与生活隔绝、只适合待在博物馆里的东西。我们当然并未声称审美体验将一个人带到了一个全新的、神奇的世界，而且我们同杜威一样，也希望避免使美学成为艺术的唯一领域。我们一直使用的那些描述某些美学属性、佳酿中最为常见的词，如"和谐"或"优雅"，并非只在审美语境中才有意义。两个人可以发现他们的观点十分和谐，而论证也可以相当优雅。当然，这并不意味着美学意蕴和非美学意蕴是相同的，但它确实表明，批评修辞在尝试重构感知时可以且确实充分利用了一些类比。此外，正如我们所讨论的那样，葡萄酒在产生理想的美学特质方面可能会失败或仅取得部分成功。[27]例如，葡萄酒的某些特征可能是微妙或精致的，其他特征则不然，这导致该酒在美学上只能算部分成功。这再次表明，审美体验并非从一个普通世界神奇地瞬间传输到另一个截然不同的世界——某种与"涅槃"的短暂邂逅。

我们始终强调美学实践——背景知识、实践操作技艺、身体状况和行动，它们构成了审美体验的有利条件。它们可以显示出"普通"体验和活动之间的连续性——它们本身不是不具有审美性或无法产生审美。同样，第二章中关于葡萄酒再生产的思想实验表明，葡萄酒是一种"丰富的对象"，它的价值不仅在于严格说来内在于它自身的东西，还在于它与自身之外的事物之间维持的关系。甚至可以说，我们的思想实验表明，葡萄酒品鉴若脱离广泛的实践就毫无意义。最后，我们将在第六章进一步阐释葡萄酒品鉴与人类生活和经验的其他方面的融合。杜威要求我们进一步阐明叙述中依然晦涩不明的方面。

如果杜威与我们对西布利的应用之间存在分歧，这也许取决于康德基于规则的条件观。继康德之后，西布利也强调这样一个事实，即美学观念的应用没有决定性或受规则支配的条件："没有任何非美学特征可以在任何情况下作为使用美学术语的逻辑上的充分条件。"[28] 根据杜威的主张，虽然坚称审美体验使用其概念的方式逻辑上与其他体验截然不同，似乎很不合常理，但这种对非审美条件的拒绝无疑可能令人怀疑是否可能对审美体验进行有意义的交谈。然而，鉴于沟通的可能性是康德明确关注的问题之一，西布利提请注意批评修辞的过程无疑是正确的。评论家能够指出对象的非美学特征，以帮助他人将对象视为具有美学特征。毕竟，我们可以就艺术品和葡萄酒进行讨论甚至达成共识。

杜威虽强调连续性，但他的确也声称在审美体验及我们更普通和碎片化的生活过程之间存在三方面差异。[29] "体验"以一段完成了的生活过程为特征。例如，完成某个物体的制作或结束一段争论。"体验"具有某种审美性（其完整性），但它尚不是审美体验。那么，区别性特征何在？照杜威的说法，区别之一是"体验"处于我们的兴趣和目的背景下，因此其最终结果具有可分离的价值且可被带入另一个活动领域。制作结果或是一种工具，然后可用于其他目的；争论结果或是一个命题，该命题又构成下一个争论的起点。而审美体验则须脱离特定的兴趣，[30]因此它不可能有"结果"。小说的结束语不是可以从小说中分离出去的一个结果。当然，一场网球友谊赛可能也没有一个不可分离的结果。我们甚至可以同意在第二盘进行到一半时弃赛，而任何一方均不会认为游戏尚未结束。然而，这场比赛肯定是由一组预先存在的目的组织起来的。我们同意这一分析。但杜威的错误在于他未在其讨论中补充说，正是这种兴趣和目的的视野赋予了活动"完整性"。除非我知道我在做什么及其目的，或我在玩什么游戏及我想从中得到什么，否则我不会知道什么时候算完成。换言之，正是这些兴趣和目的（照杜威的说法）使它可能类似审美。然而，就审美体验而言，缺乏这种目的和兴趣的局部背景，完成活动的标准就无法建立在一套确定规则之上。比如，目的和利益的视野可能是调节性而非决定性的——但不能少。但杜威没提的是，这些"规则"会重新回到更广泛的审美群体的创始价值观。因此，杜威的立场最终与西布利基本相似，即尽管更日常的经验与审美之间存在连续性，但日常活动的概念不能作为后者的**条件**。我们此处对杜威的讨论所揭示的是，审美的文化语境可谓其审美性之条件。我们在第一章介绍过这个看法，我们打算接下来对其展开更全面的探讨。

即便艺术与美学之关系问题已经解决，"特权"问题还在。对于杜威的民主本能及他对经验和生活所有分支之间的相互关联性的理解，文化势利都体现了一种错误且危险的艺术理论。现在，品酒之人确"有特权"。之所以如此，是因为品鉴对象的稀有性和价格，品鉴即终结，重复体验是建立审美能力的唯一途径。然而，杜威的立场可能比我们目前所表现的更为微妙。他绝不是说审美体验本质上幼稚天真，缺乏经验——我们在第三章已讨论并驳斥了这一观点。审美体验是更广泛的意义和价值之升华，因此，只有熟悉这些意义和价值之后才会发生。这样的体验彰显并颂扬了一个有组织且历史悠久的社区的价值观。杜威最常用的例子是古希腊艺术与文化。[31]要想像古希腊人一样欣赏和理解帕特农神庙，就须先充分成熟地内化雅典社会制度的价值观；现在要想欣赏它，至少需要庞杂的知识储备。如今碰巧很少有人能以一种模糊的方式将帕特农神庙作为审美对象来体验，如通过与文化上更熟悉的建筑进行类比，或将其作为一组标志性式样。[32]现在，基于我们在第二章2030年思想实验及第三章末讨论过的原因，我们不愿意承认葡萄酒品鉴的排他性只是它的一个偶然特征。然而，我们之所以持此立场，并非因为葡萄酒体验超然且有别于日常生活，更不是势利或经济原因。杜威思想中看来正确的东西——我们方才称之为"民主本能"——不应被理解为无需专业素养，而应如此理解，即任何有能力并愿意付出必要努力之人皆可获得这种能力，且这种能力出现在一个共同历史社区更广泛的背景特征中。

有了这样的能力，帕特农神庙就可以是一种审美体验，这意味着除了标志性的熟悉感之外，还可以在其中看到**其他**东西。现在让我们更全面地探索这种新"体验"。

看作和看进

近来，哲学家们往往并不把审美体验当作核心问题，但理查德·沃尔海姆（Richard Wollheim）是个重要例外。然而，我们此处求助于沃尔海姆的原因，是他批评了著名的维特根斯坦对"看作"（用来分析上述新型体验的标准模型之一）的分析，以便从根本上对它进行修正。[33]而审美体验的特征则是"看进"，这是一种感知模式，是对同时作为物理实体、被感知的物品及物体中以某种方式被表征的对象的感知。我们已使用沃尔海姆的"看进"概念，特别是在第三章葡萄酒体验的现象学中。但是，我们彼时并未讨论它何以比更为人熟知的"看作"概念更为可取。沃尔海姆坚持认为，"看进"是一种独特感知类型，[34]它并非幼稚天真，而是依赖于了解情境的能力，以便预测所表征之物。现在，作为范式的"看"在排他性的非此即彼关系中便有了两个感知对象（鸭子或兔子）。这意味着感知者不能同时关注被表征之物和表征本身，尽管感知者可以在两种模式之间来回切换。但是表征媒介的物质性——例如，通过颜料这种材料，或通过绘画这一物理活动，无法呈现简单的现象透明度——是20世纪艺术理论的关键方面之一。对语言"物质性"的类比分析影响了最近的文学理论，对我们对葡萄酒体验的描述也至关重要。比如，我们曾强调，人们在感受葡萄酒的"和谐"时，并没有简单地停止对文化素养和实践能力所揭示的所有方面的感知。至多，这些方面的意义发生了变化，因为它们现在被理解为这种和谐的媒介。它们并未改变身份，但确实改变了特性。

　　"看作"和"看进"之间的另一显著区分是，在描述"看作"时，通常可以迅速从"将某物看作X"变成"将某物看作Y"，宛如突然揭开面纱，因而类似发现画上的鸭子也可以是兔子或反过来。这当然描述出了一种"领会"到艺术品之精髓的寻常体验，就像"领会"到一个笑话或突然找到填字游戏线索的解答一样。尽管缺少这种特征有时被视为沃尔海姆"看进"[35]概念的缺点，但我们认为，这种如谜题般的体验及其解答虽常见，但似乎并非审美体验所必不可少的。比如，它并未捕捉到与作品之间的"共栖"关系，这于康德对审美体验的描述至关重要，我们同蒂姆·克兰一样认为葡萄酒体验亦是如此[36]。

再者，"看作"的迅速新型感知与我们提出的美学特质不同，因为这些特质——在作品中看到的东西——可能且通常是*多重的*，并与一系列感知元素相关。[37]在葡萄酒中，"判断"既非突如其来，也并非发生于一段时间结束时，而是贯穿整个体验阶段。美学特质"内在于"作为整体的葡萄酒中；但这是个理想意向对象，正如我们在第三章看到的那样。因此，严格来说，特质并非仅仅在于某种风味，而是"跨越"各种风味。就葡萄酒而言，那些基于20秒体验而写出的品酒笔记的大范围出版，已使许多作家和评论员对该事实视而不见。我们认为这种审美判断概念的拓展一般也适用于其他类型的审美体验，我们第六章会再回到这一点。因此，即使在那些带有解谜特征的体验中，仅仅将那个特定时刻与整个审美体验等同起来也具有误导性。沃尔海姆"看进"概念比"看作"更可取的第三个也是最后一个原因是，它所表征之物可以是不同种类的事物。无论画的是鸭抑或是兔，它们都是画，事实上是一样的。沃尔海姆"看进"的关键例子是，在一幅画中看到的东西可以是一个动作。我们一直坚持认为，美学特质建立在体验的感知元素之上，而非在这些元素中发现的，它们也不仅是另一*种*感知元素。它们是涌现的。同样，若有人认为像风土这样的东西是通过葡萄酒发现的，显然那是一种截然不同的东西，需要一种更类似沃尔海姆的"看进"这样的经验模型。[38]

批评修辞

沃尔海姆"看进"观可通过维特根斯坦对批评修辞的看法加以强化，[39]我们认为这接近于描述批评修辞对葡萄酒的运作方式。维特根斯坦指出，批评修辞并非关于归纳或演绎推理，因为经验最为重要的元素——批判推理的目的并非关于经验对象的已证实结论，而是对对象的不同体验。它涉及引导注意力和提出参考框架的建议以赋予经验元素以意义。维特根斯坦著名的鸭/兔例子及兔鸭之间的形象切换，可能使许多评论家对其关于批判推理的论述视而不见。后者可使对审美对象的感知发生微妙变化。瞬间切换，就像鸭/兔形象，一点儿也不典型。批评修辞是描述性、手势性的，它通过引起人们对事物的注意并将事物并置来运作。[40]变化的发生是探索式、渐进式的，批评的对象也并非只是有限的几种方式。[41]

正如我们最初所说的那样，批评修辞的总体轮廓显然在对葡萄酒的指导性感知中有其对应物。我们称，后者是葡萄酒品鉴、实践能力和文化素养发展的重要方面。品鉴不仅对这种批评修辞开放——它**需要**批评修辞提供资质。这与审美能力的培养有关。同行品酒师或专业品酒师说服你接受某款酒（不仅是口头上）的不二法门是改变你对它的体验。如若成功，你就无法再回到之前对它的想象方式，这使得对审美对象的感知更像在最初令人困惑和看似混乱的斑点中看到某些图形，就像罗文章中再现的图形一样，而不是鸭/兔形象所暗示的那种来回切换。[42]最初，除白色背景上的黑色斑点外，你一无所见，但当一个人的眼睛和胡须被指给你看时，你的感知会发生永久性改变。即使尽最大努力，你也无法再避免看到它。[43]当然，罗写的并不是葡萄酒品鉴，但当他说下面这番话时，写的也可以是葡萄酒品鉴：

　　批判推理……处理直接经验和亲知的知识，若它以
适当方式改变了这种经验，那么它即是成功的。批评家
关注的是告诉你如何看：指出某些规律，使你注意能使
规律浮现出来的特征，并使看起来随意、无序和费解的
东西连贯起来。[44]

　　正如我们第二章所表明的，葡萄酒审美实践已发展
出一些方法，通过使品酒实践成为惯例从而使认知在指
导下发挥作用。除其他作用外，这些惯例可以创造一个
清晰而稳定的"领域"，体验在该领域内发生，批评修
辞在其中可以最有效地使用其描述性或明示策略。

　　维特根斯坦指出，活动本身而非对它的各种描
述才是鉴赏的主要部分——这是个有用的提醒，因为
人们容易关注用于描述体验的可辨认的词汇而排除
它们所属的活动。在《讲演与谈话》（*Lectures and Conversations*）中，维特根斯坦解释了他是如何以全新
的方式阅读某位诗人的：

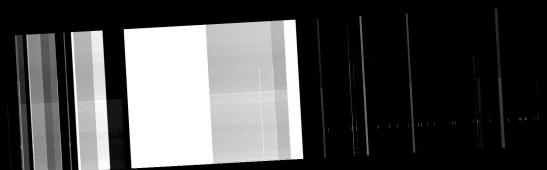

当我以这种新方式读他的诗时，我说："啊哈，现在我知道他为何这么做了。"我以前读过这种东西，且略感无聊，但当我以这种特殊方式阅读它时，我热烈地微笑着说："这太棒了。"等等。但我可能什么也没说……当我读这些诗时，我做了被视为表示赞许的手势和面部表情。但重要的是，我是以一种完全不同的、更热烈的方式读这些诗的，我对别人说："看！这就是诗作应该被阅读的方式。"审美形容词几乎没起到任何作用。[45]

有人会提醒我们说，"批判性讨论不会从命题中冒出来……而是来自可能可以用命题描述的体验中"。[46]鉴赏是在某个事物中体验某种东西的不可简化的活动，这一点在我们喜欢引用的卡维尔关于审美判断根本上的经验基础的言论中亦有很好的描述。[47]批评修辞若无法从鉴赏活动和体验变化中产生，那么它就是空洞或无力的。

中性描述和美学评判均带有一个规范性假设。也即是说，意向对象被假定为最初就在公共领域里，任何具有相关资质并遵循相关实践的人均可感知到。如若我在酒鼻子上"闻到"荔枝糖浆的气味，那么我会直接以一种类似我说葡萄酒是红色的方式来报告这一点——也即是说，好像这种气味是酒的一部分，独立于我灵敏熟练的嗅觉。在本体论上，这属于项目的意义，即使我是个相对主义者，正如我们第三章讨论的那样。"和谐"亦是如此。因此，他人的感知指导在我学习分析品鉴的过程中也起了作用，这跟我提升审美能力的方式类似。[48]不过，两者还是有区别的。正如我们第三章总结的那样，美学特质（例如"和谐""复杂""优雅"）是中间的意向对象。因此，相对于它们所基于的其他感知元素，它们具有一定的理想性。作为葡萄酒的特质，它们是二级属性。我们所说的"二级属性"是指与葡萄酒的物理分析（如光谱分析）无明确关联的体验，这是第二章谈到的一个观点。同样重要的是，审美特质在葡萄酒体验的感觉"空间"中没有明确位置。后一种特征至少是因为它们是相关的，既考虑到一组元素，也考虑到这些元素作为组成部分的整个体验。因此，正如第三章所探讨的，文化素养和实践能力为我们打开了近端感觉独有的感觉维度，但在这些维度中找不到美学特质。葡萄酒的和谐或精致不仅在于舌头或鼻子，也在于体验的开始或结束。[49]同样，这些及其他美学特质并不位于从安·诺贝尔葡萄香气盘的圆心发散出的任一扇形区域。也即是说，美学特质并非直接位于某个品尝维度上的元素。从语法上看，它们只是形容词；但将其视为描述会错过一些重要的东西。

这种品酒描述上的模糊性使得美学项目中的感知指导既类似又迥异于对直接描述的指导。学习识别味觉或嗅觉元素的人有一套基准和感觉"空间"，指导者可据此明确指出这些元素。其中包括宽泛的描述，如甜味、香料、烟熏，以及诸如"闻香""品味"或"回甘"等。如人们所知，基准越多越精确，它们的使用效果越好。然而若有人试图帮助另一个人从审美角度"看"某物，或获得审美能力，就不能简单求助于基准了。当然，如若不了解参与构成了这种和谐（通过实践能力来理解）的元素为何，或和谐所涉及的诸元素（文化素养）何以重要，那么还想有意义地使用"和谐"这一美学观念就显然是荒谬了。但是，形成审美判断的能力不能简化为这前两种形式的能力，我们把额外的能力才称为"审美能力"。那么，关键的是能够识别重要或相关的味觉和嗅觉元素，然后（在美学项目中）与彼此和整体形成和谐关系。所以，在审美感知指导中，"指导"很可能是从点出一组嗅觉或味觉要素开始的，因为酒之和谐必然涉及这些要素；但这本身又是不够的。

除此之外，新手品酒师若具备从其他美学领域的以往经验中获得的能力，可能使美学特质更易产生。这种能力涉及对"和谐"的美学意蕴的认识。美学项目一开始就将其意向对象假定为可能展现出美学特质的对象。这种认识最初可能属于一个完全不同的美学领域（如音乐或绘画）。该认识是我从经验中获取的，但它最终体现了有关美学特质的先前的文化知识。因此，它类似杜威将历史共同体视为"整体"的观念；审美体验的主体永远不会完全没有经验。我们第一章讨论过一种文化用来提升其成员的审美能力从而使其自身永存的各种"机构"。因此，我们发现对审美感知指导的探讨又一次引导我们从语境而非形式上思考葡萄酒美学。这反过来也符合我们在第二章将葡萄酒作为"丰富的对象"来介绍的想法。因此，我们主张，称职的品酒师也需要被看作"丰富的主体"，他或她是围绕和促成体验的广泛情境因素与葡萄酒"本身"这两者之间的接口，需要对其内容和意义进行揭示。

体制论

我们认为批评修辞的特征表明了一种审美实践。我们试图说明葡萄酒品鉴项目为何具有审美性及这一点为何重要，我们到目前为止已经表明，葡萄酒鉴赏在康德的意义上并不是主观的，可以将康德的美学概念用于我们的论述。我们对托德的表现主义描述的批判性讨论排除了表达在葡萄酒美学中的重要性，但它确实让我们进行了一场涉及真实性、风土及它们与美学之关系的有趣讨论。杜威表明，审美体验并未完全脱离其他体验，它实际上取决于与文化背景的关系及与之相关的技能素养。沃尔海姆、维特根斯坦和罗使我们看到，批评修辞如何以一种与我们在第三章对葡萄酒的感知的描述相一致的方式运作。我们在前几章强调了惯例、实践与活动、目的与目标，而艺术体制论是继续探究葡萄酒品鉴项目之美学维度的合理场所。何为艺术与何为美学这两个问题在知识界一直十分接近，其原因显而易见，但体制论主要被用来解决与艺术界定有关的问题。尽管葡萄酒并非艺术，但这些理论中的一些特征将有助于我们对葡萄酒品鉴的叙述。

艺术的制度定义有两种主要形式：程序性定义和功能性定义。[50]程序性定义最为突出，它试图回答我们如何确定特定作品是不是艺术的问题。功能多样性体制论则侧重艺术品起到何种作用。我们的方法显然与后一种制度理论最为相似。我们将特别关注的哲学家包括：亚瑟·丹托（他讨论了艺术的公共定义的历史与流通），[51]乔治·迪基（他反对存在任何特殊类型的审美主义），[52]加里·伊瑟明格（其对审美功能和经验的描述与我们的看法相似），[53]最后是斯坦恩·霍戈姆·奥尔森（Stein Haugom Olsen）和彼得·拉马克（Peter Lamarque），他们对审美实践的叙述为我们提供了灵感。[54]

乔治·迪基称，从个体实例的体验开始并试图以这种方式定义美学是徒劳的。审美体验只是一种注意艺术品的简单体验，体验因而不再是定义艺术的有用工具。而迪基则利用一个松散机构的历史和实践——亚瑟·丹托称之为"艺术界"[55]的历史、理论和制度背景——作为定义什么是艺术和什么不是艺术的手段。通过这种方式，他可以避免将艺术品的特征作为对象，或使用一些所谓独特的审美体验。因此，艺术作品本身并没有任何东西使其成为艺术。它的"艺术性"并不是一件有待被注意到的财产，就存在于作品之中。一件物品可能是艺术，如果它属于艺术史和艺术理论史，并且如果它被置于使这段历史具体化的机构中。显然，这使迪基的艺术体制理论成了一种程序性理论：它关乎的全然是寻找确定物品是否可能是艺术的方法。

在《艺术与价值》（*Art and Value*）一书中，迪基讨论了理查德·沃尔海姆提出的针对其美学理论的反对论点，这个论点如今广为人知。[56]其要点是，艺术界的人在授予某物艺术地位时是否必须知道他们在做什么。如果他们确实知道自己在做什么，那么他们一定参照了对艺术品为何的描述，以及最终对艺术品为何的一般定义，因此体制论——其要点就是避免这样的定义——是无效的。如果他们不知道自己在做什么，那么人们为什么要认真对待他们的判断呢？迪基对沃尔海姆的回应发人深省，"知道他们在做什么"远远不等于有了艺术的一般定义。例如，艺术家可能会对最近的政治事件感到愤怒，并试图干预或以其他方式发表评论。此外，让我们接受这样一个事实，即为某项政治工作服务对艺术家来说就是"知道他们在做什么"。对于这个事实，将会有一套相应的、与批判性评估相关的知识。由此可见，审美项目与审美体验虽不同于其他项目，但也能与其他项目共存并常与之混合。艺术机构不仅是一种盲目的官僚框架，更是一套实践和历史。也即是说，"知道他们在做什么"并不等同于有了定义。[57]就我们的目的而言，这是个重要见解，因为它强化了我们对葡萄酒品鉴能力的论述，其中"知道为何"（我们的"文化"能力）与"知道如何"（我们的"实践"能力）不同。[58]有能力使用美学项目并不等同于能够提出对优质葡萄酒的定义。其实，我们怀疑美学项目往往甚至并未得到明确承认。我们的观点是，数个世纪以来，评论家们一直在积极从事葡萄酒的美学项目。由于对近端感觉对象、手工艺对象及没有与"艺术家"对应起来的对象存在各种偏见，葡萄酒批评与艺术批评之间的密切关联仍未得到承认。比如，这就是为何休谟和康德发现葡萄酒品鉴是一个如此显著的类比来源。我们将在第六章更全面地讨论美学项目与其他项目之间相互作用的方式及其含义。

讨论体制理论的缘由之一是它们似乎给我们的论述带来了两个难题。首先，在谈论美学特性时，我们似乎在为审美体验的内容提供一个独立于艺术界或艺术机构的定义。其次，对我们目前的讨论进行粗略浏览可能会表明，我们几乎是在使用审美态度的旧概念——一种审美沉思所特有的心理活动，尽管我们对审美能力的讨论本应消除了任何此类错误。从制度主义视角来看，这个概念已受到严厉批评。不过，我们显然并未将审美态度当作一种被动的沉思，这部分表现在我们对审美鉴赏活动及其在引导注意和带来葡萄酒相关知识和经验方面的重要性的强调——正如第三章所证明的那样。这不是术语的改变，因为鉴赏的概念不再带有与审美态度相关的被动性或任何其他缺点。我们上面对审美能力的讨论得出的结论是，美学特性的浮现需要主体的活动和资质。

我们在讨论杜威时已部分回答了第一个难题。我们一致认为，审美体验及其内容不能与更广泛的文化问题分开，我们第二章将葡萄酒作为对象进行论述也符合这一主张。同样，讨论审美体验不需要将这些体验看成是与其背景脱离的。我们其实已经提出，广义上的文化情境是审美体验的必要条件。然而，这并不能解决第一个难题的全部；仍然存在究竟是什么使这一组而非另一组特质或体验具有美感的问题。若不求助于艺术中那些显而易见的特质，是否可以识别甚至定义美学特质？到目前为止，我们在本书中已经表明，葡萄酒品鉴中使用了许多与音乐、绘画艺术和文学鉴赏相同的美学概念，这表示葡萄酒品鉴可以是一种审美实践。但是，是否可以认为，西布利在其开创性文章[59]中对美学概念的实指定义独立于其在艺术中的存在？与审美体验的不同领域相关的各种技能素养显然存在重叠乃至相互借鉴之处。在其他条件不变的情况下，能够鉴赏特定时期的绘画之和谐的人，可能在遵循批评修辞来品鉴葡萄酒的和谐上具有某种"领先优势"。在体制论中定义审美体验或许相当简单直接：正如我们上面指出的，它仅仅意味着艺术界独立向人们提供了对某物的体验。[60]这样，借助传统上艺术与审美之间建立的概念关系，艺术体验可以被称为审美的。葡萄酒与艺术之间没有如此简单的关系。正如我们前几章所述，我们有充分的理由来确定一个由实践支撑的葡萄酒美学项目，但是如我们所知，在证明该项目具有审美性时，我们不能将葡萄酒作为一种艺术形式。

关注、态度和鉴赏

体制论的程序主义版本提出的第二个难题围绕审美关注的概念。我们倾向于用"项目"中的"实践"来描述主体审美体验的地方条件，并将对葡萄酒的审美关注称为"鉴赏"。"实践"这一术语主要描述合格的体验者从事的活动或程序，"项目"一词指的是以某一目标为指归对这些活动或程序从整体上加以协调。有人可能会认为在我们的术语中，"审美态度"更类似项目。但这并没有那么明确。例如，一些实践的作用是确保全神贯注或客观公正，这些通常是审美关注的特征。我们此处的观点是，被以前的美学看作"精神"的一些方面——有意识的关注——以程序的形式被制度化了。为了论证详尽，迪基还须从其程序主义体制论中剔除审美态度，以此作为发展艺术理论的基础。从艺术体制论的角度来看，某物是不是艺术品并非由体验的性质或内容决定。[61]因此，如若审美态度被理解为用来描述或构成特定体验的一部分，那么它就会落入迪基用来反对审美体验与艺术理论有关的论点的陷阱。而且，对象的艺术地位并非由作为物理对象的艺术品本身的任何东西决定。因此，如果审美态度是一种特定类型的、对于对象的某些物理特质的关注，那么它就会成为迪基反对所有艺术品定义论的牺牲品。

因此，这些审美态度的变体对于坚定的体制理论家来说很容易对付。但是，关于审美态度还有一些其他可能性。我们特别感兴趣的是，存在一种作为审美体验的一组准备的态度，这样特性就可以**浮现**。这种态度与鉴赏概念及我们的审美体验观念更加吻合。迪基的论点是否与这种解释有关？事实证明，回答这个问题提供了对鉴赏本质的有益探讨。

迪基采取的关键举措是区分我关注某个对象的意图与我执行的动作——关注的行为。[62]他的大部分论点采用了以下形式：这个或那个意图可能有助于或阻碍我关注对象的行为，但不会改变关注的性质。例如，一个戏迷可能会观看一场新剧表演，但关注到它是对当代底特律工人阶级生活的政治评论。传统的审美态度理论家可能会认为这个观众并不是"客观公正的"，因而并未以正确的审美方式关注该剧。迪基认为这并非一种不同类型的*关注*；相反，这位观众根本没有关注这部*剧*。我们的论点（尤其在第三章）表明这种说法是错误的。存在任意数量的可能项目，每个项目均对应一个意向对象。在这个词的通常意义上，该特定意向对象即是我要"关注"的对象。例如，如果我嘴里有一口酒，我可能会关注它，因为它表现出某些相关的味道、气味和触觉特性；我对其他特性不很感兴趣，比如温度、颜色或体积。同样，我们在第三章探索了更复杂的项目和不同的意向对象，例如描述性或评价性对象。迪基论点的一个主要问题突然之间变得显而易见：哪个是真正的项目和意向对象？即如果我在真正地关注这部剧，那么我必须关注该剧的哪个或哪些特征？回答这个问题的唯一方法是提供一个既不针对艺术品也不针对审美关注的定义——这正是迪基在其职业生涯中竭力避免的。在迪基的经典文章中，这个问题表现在他对艾利西奥·维瓦斯（Eliseo Vivas）所举例子的讨论中。迪基认为，将一首诗作为"其作者神经症的诊断依据"来读（关于维瓦斯的一个讨论），意味着阅读它是为了获取关于其作者的"信息"，而不是阅读**这首诗本身**。[63]该论点有赖于一个未言明的区分：作为诗，一首诗歌的本质是什么，以及这首诗可能偶然有何种社会或历史联系。我们欣然赞同美学项目与众不同这一点，但不赞同它必须与其他项目脱离。

迪基做出的关键区别还有另一个问题。他坚持认为，我的意图或兴趣不会也不可能影响我关注力的性质。只有一种关注。然而，我们所证明的是，项目不仅充当过滤器，使对象的某些特征被关注到或不被关注到，它还影响这些特征的含义。虽然"关注"的概念与前者非常吻合，与后者却不然。因此，被体验到的特征会拓展到不同类型的对象上，并激发不同的*行为*。观看他或她的戏剧彩排时，剧作家正在一个项目中给予关注，但该项目意味着他或她不是在被动地接受体验，而是获得了考虑重写的动力。意向对象就会是我们可以称之为"该剧可能成为的样子"。一个品尝桶中新酒的葡萄酒正在关注，但在酿酒项目中，他或她不是被动的消费者，而是仍来得及改变葡萄酒发展进程的人。以同样的方式称呼所有这些"关注"无疑会遗漏这些行为的重要意义。相比之下，鉴赏的概念——假设它包括对实践和项目的描述——确实抓住了这类例子的重要意义。因此，我们得出的结论是，项目不仅只是启动了，它跨越并影响着其中的关注行为。那么，美学项目就是一组技能素养、实践和"态度"，它们使我有可能对特定对象给予特定类型的关注，即一个可以展现出美学特性的对象。

美学特性与体验

我们对审美的描述重视两点：审美是一种特殊类型的体验，这种体验的特征是美学特性的浮现。后者是一个备受争议的概念，它将是我们论述的下一个落脚点。谈论美学特性必然涉及审美体验的概念，因为美学特性是被体验到的，而不仅是被推断出的。此外，只要美学特性是相对于其他类型的特性而言的，那么审美体验在某种程度上就会不同于其他类型的体验。在美学中，声称属于特定类型（美学）的特性、特质或属性被认为需要感知者经过某种改变才能被感知到。不同哲学家以不同方式描述审美态度，但通常以客观态度或饶有兴趣地看待对象或体验本身。传统上，审美态度被视为感知美学特质所需的改变。如果你主要关注的是如何定义美学，那么特质和态度似乎就以某种方式联系在了一起——二者互为前提：只有以审美的方式关注对象时，你才能感知到美学特质，而美学特质是将体验看作审美体验而非其他类型的体验的特征所在。[64]

若有人想借助"审美体验"来定义艺术或我们所谓

的"美学"的任何其他方面，那么与其他体验之间缺乏明确界限可能是个问题。然而，我们并不关心对艺术的定义。我们甚至没有试图对葡萄酒下定义。我们关心的是辨别出美学项目及其在葡萄酒中的应用，因此，我们的主要关注点是那些使用或挑战美学特质的概念和审美体验的理论。我们的目的一直是更全面地描述和理解一种或一组看起来与艺术实践相似的实践。我们并不想一劳永逸地定义"美学"，但在我们的叙述中，如果特质和体验均只发生在我们用"实践"和"项目"来形容的情境下，那么这两者须在某些基本方面异于其他类型的实践或项目。这些关于葡萄酒、音乐和艺术的项目有诸多相似之处，包括如何为判断辩护和支撑判断——以及批评修辞的其他方面如何运作。

继西布利之后，我们在第一章和第三章中使用了"优雅""和谐""深刻"和"优美"等表示美学特质的词，来证明关于葡萄酒的话语具有审美性，需要品位和/或感知力才能应用它们。[65]我们不仅声称存在一个与葡萄酒相关的特殊美学项目，还在第三章详细描述了它如何运作，从而展示了对美学特质的感知如何可以成为与葡萄酒互动的目的（项目）。同样，从经验证据和对葡萄酒品鉴的细致分析开始，我们在第二章和第三章开头表明，美学特质和美学项目概念与有关葡萄酒的现有证据非常吻合。因此，为了澄清起见，我们对美学特质和审美体验的描述应置于哲学美学语境。

许多关于审美体验概念的问题都与我们的讨论有关。首先，即使那些对我们称为审美体验的想法感到满意的哲学家，也远未普遍接受这种体验在某种程度上与其他类型的体验是断裂的。鉴于我们大多数人都非常清楚何谓体验，关键问题将是如何理解"美学"。其次，美学中一个极具影响力的传统认为，以审美体验作为某种有特权的、内在体验来开始对艺术和美学的探究是大错特错的。

何谓审美体验

对于什么使体验具有美感，存在几种不同的理论或方法。诺埃尔·卡罗尔（Noël Carroll）对这些方法进行了很好的分类：认知、情感导向、价值论和内容导向。[66]认知方法从戈特利布·鲍姆加登（Gottlieb Baumgarten）著作中的美学起源着手，主张审美体验是第一手的体验，而不仅基于关于对象的介绍。这也与审美判断的独特性密切相关，因为审美判断的基础是我所拥有的体验，而不是我所拥有的关于它们所源自的那种对象的知识。这种方法的部分问题[67]是由于自杜尚以来艺术的发展而产生的，但这些发展与我们对葡萄酒美学的具体探究几乎无关。关于葡萄酒，对葡萄酒的体验若要成为审美体验，那么它须是对葡萄酒的直接体验，不经过任何中介。人们可以在没有第一手感觉体验的情况下对概念艺术进行有意义的讨论、评估和判断——在概念艺术中，感知变化无关紧要，而且文学与感觉遭遇的方式不同于音乐、绘画或葡萄酒。卡罗尔声称，对艺术品形式的鉴赏是审美体验之典范，[68]且如今对艺术的判断可独立于对作品的体验，因此，审美体验不能以认知方法所要求的方式来定义。[69]然而，有人可能会争辩说，随着杜尚以来艺术的发展，人们应该将艺术与美学分开。

卡罗尔对认知美学的批判存在的问题，或许在于它假设了概念和感觉体验之间的鲜明区别，这很大程度上是一个康德式主题。这个假设有两方面：首先，概念是"被动的"或中性的，而感觉可以强迫人们做出反应（如快乐和痛苦）；其次，这种中立性还意味着概念及其关系不能产生感觉或其他影响。然而，前者显然是错的：我们知道概念会激发思想，它们会迫使我们想象或唤起记忆。第二个方面同样有误：在被反驳、扭曲、重构或置于新的关系中之后，概念范畴会产生某种感觉，实际上还会产生一种情感影响。我们认为，这就是概念艺术的运作方式：通过概念和概念关系的行为所具有的感觉和情感力量。那么，一件概念艺术作品并非"本身"就存在于某处且可以被介绍；相反，这份介绍就是艺术品。[70] 当然，小说亦如此；只要我们有精确的副本，塞万提斯的手稿是否丢失可能无关紧要。这样一来，就像许多其他事物一样，葡萄酒世界本质上是保守的：不可能存在一种概念上的葡萄酒。然而，这并不是因为概念艺术不能通过情感发挥作用，也不是因为概念（从广义上讲）在对所有审美对象的鉴赏中无足轻重。在我们的情境主义方法中，我们持有的一些关于葡萄酒的概念确实可能成为审美体验的一部分，尽管若未投入感官直接参与其中就无法对葡萄酒进行审美判断。感知葡萄酒的本质需要专业技能素养，而一种酒的理想及典型特质是其中一部分。正如我们将在第六章所证明的那样，风土可以被视为多样性的首要审美价值，它决定着葡萄酒界的判断和体验。如果我们要品尝一款香甜、柔滑、清凛且带有清晰的蜂蜜和水果蛋糕色调的巴罗洛葡萄酒——作为称职的品酒师，我们可能会把它吐出来，虽然如果它是苏特恩白葡萄酒的话应该还不错。这就是为何说概念和范畴是审美体验的一部分。

然而，就葡萄酒品鉴而言，投入感受完全是可选而非必需的，但审美体验的情感导向理论认为，将审美体验与其他体验区分开来的是一种"无利害的愉悦"之感。这一观点来自从沙夫茨伯里勋爵到伊曼努尔·康德一批有影响力的美学思想家。该传统的核心观点是，审美体验是一种情感和认知状态，在这种状态下，自我和社会都无关紧要，它是一种由艺术或自然引发的涅槃。我们认为，前两章清楚地表明我们将葡萄酒品鉴作为审美实践的主张为何与这一传统相去甚远。我们的主体是主动活跃且有丰富文化素养的，与该传统并不相符。尽管该传统具有重要历史意义，但它未能公正对待我们想要视为审美的各种反应，以及这些反应可以从中产生的各种对象和现象。我们也不想排除作为审美反应的不快，因为"审美体验"概念理应描述一类体验，而不是与价值判断混为一谈。这种认为审美即"从感受力的运用中获得愉悦"的观点，[71]也有将审美体验与积极的审美判断混为一谈的危险。如果只有愉快的、愉悦的，以及——可以说是——"超凡脱俗"的体验才是审美体验，那么"审美体验"就不是描述性的，而是多少等同于"愉悦的"或"美妙的"。那么，审美体验就无法根据我们赋予它的价值而呈现出层次变化。体验一段演奏糟糕的音乐仍然可以是一种审美体验，即使它不是人们想要或预期的那种。正如我们在第二章看到的，大多数葡萄酒爱好者或葡萄酒美学家的一生会遇到很多有瑕疵或欠佳的葡萄酒，但这些体验也使其能对那些被视为令人愉悦或值得称赞的葡萄酒进行审美判断。因此，仅将后一种称为"审美体验"对于我们采用的葡萄酒品鉴方法来说是适得其反的。

到目前为止，我们讨论了卡罗尔的认知论和情感导向论这两种理论类型，但考虑到我们对项目的重视及认为葡萄酒品鉴是一项审美项目的观点，价值论理论似乎与我们的思考方式接近。在价值论中，体验之所以具有美感，是因为它们仅基于其自身缘故而受到重视——它们自成目的。至少，这是个必要条件——尽管可能不是充分条件。然而，我们刚刚提出审美体验不一定是愉悦的，如果要求我们基于它们自身的缘故而重视糟糕体验，而不只因为它们提供的用来真正欣赏美妙体验的背景，那未免有些牵强。更重要的是，我们还提出情境特征可能构成体验的一部分——这是第二章2030年思想实验的结果之一。这使我们在第三章末清楚地看到，我们的方法不是"形式主义的"——我们对该方法的界定依据的是其自成目的的价值。因此，无论价值论解释最初的合理性如何，都会随着我们方法的情境主义含义而迅速烟消云散。除此之外，卡罗尔正确地指出[72]这种"经典"的审美定义缺乏信息，因为它没有提供关于如何获得审美体验的指导。用否定的术语来定义审美——例如，无确定概念的客观这一表达——可能有助于我们避免错误，但它对识别和描述审美几乎毫无帮助。

卡罗尔青睐的审美体验定义是内容导向的。他对审美体验的定义是通过"对艺术品的审美体验进行分类"的一套析取的充分条件。我们对其中的"艺术品"方面不感兴趣，但讨论它还是有趣的。

一份经验样本是审美的，如果它涉及知情主体以规定的方式（通过传统、对象和/或艺术家）来领会/理解对象的形式结构、审美和/或表达特性，和/或从作品基本特性中浮现的那些特征和/或那些特征相互作用的方式和/或需要主体投入认知、感知、感情和/或想象力。[73]

卡罗尔定义的最后一部分似乎是多余的，因为要使那些特征浮现，主体的各种官能必定已经投入其中。撇开这个遁词不谈，这种"内容导向"的审美体验定义有几个特点与我们本书中一直并将继续强调的主题相吻合。其一是感知主体的活动及感知主体（卡罗尔术语中的"知情主体"）所需的技能素养。审美经验不是一件简单地发生在一个没有先验知识和相关经验的非个性化主体身上的事。当相关知识和经验被应用于对象的特性时，美学特质才可能浮现——而浮现是这个定义的另一部分，也是我们理解葡萄酒审美鉴赏的核心。

包括浮现概念在内的、对于什么使体验具有美感的定义，可能会被指责引入了与应被定义对象一样需要澄清的术语。我们认为，审美本质中存在一种不可简化的经验元素，除非凭借体验和通过指导感知来提升审美能力，否则很难被识别出。"做出审美判断的关键是，在某些时候我们要准备说：难道你看不出来，听不出来，找不出来吗？"[74]——这意味着，若上述批评修辞失效，那就没有进一步的论证策略了。在审美判断方面可能是这样——这是卡维尔评论的背景，但它也可能同样适用于审美体验和美学特质的定义：它们浮现出来，带着给定的体验对象的特质和主体的那些良好指导下的技能素养。我们可以利用所能调动的沟通能力引导他人走向审美体验，但决不能让他人拥有这些体验。

功能主义理论

　　体制理论的程序多样性引导我们考察审美态度继而审视审美体验，从而澄清和捍卫我们的情境主义方法。不过，体制论还有另外一面。功能主义理论可谓是艺术体制论的一个子集。这些理论根据艺术旨在实现的目的或艺术的"功能"来定义艺术或某些艺术分支，例如文学，或者如斯蒂芬·戴维斯（Stephen Davies）所说："功能主义者认为，艺术品必然发挥一种或多种艺术所特有的功能（通常是提供有益的审美体验）。"[75]如前所述，目的通常被认为是提供某种审美体验，在我们看来，这也是葡萄酒美学项目的主要目的。为了阐明我们对葡萄酒品鉴的论述如何与当代美学各理论和方法相适应，我们现在转向功能主义的艺术定义，我们特别感兴趣的是斯坦恩·霍戈姆·奥尔森和彼得·拉马克的体制论。缘由在于，他们将文学确定为一种*审美实践*是通过读者对文本的积极活动来实现的。

　　虽然艺术可能是审美体验最明显的来源，但即使对于文学这样成熟的艺术形式，这种联系也不一定是简单直接的。我们知道，文学作品须从文本的基本词句来理解。奥尔森的功能主义文学体制论[76]认为，人们把文学作品当作文学来阅读并不是自然而然的。奥尔森称，人们阅读文学作品可能仅仅为了娱乐，为了挖掘历史信息——并要受制于任何数量的其他项目。[77]然而，这些项目都不具有审美性，但其理论确实暗示，其他文学方法并不构成真正的文学作品和合理的批评——要是它们不构成将文本作为文学作品的理解的话：那它仅是一件艺术品。那么，到目前为止，该观点显然与迪基相似。奥尔森进一步论证说，文学的有趣和重要之处只有通过审美方能浮现，只有当文本特征**通过应用解释性描述被识别为美学特征**[78]时，文本才能被以审美的方式加以鉴赏。这种操作对于训练有素的读者来说似乎很自然，但该操作还会涉及构成文学鉴赏实践一部分的复杂操作。[79]因此，有一种方法可以"将一部文学作品*理解*为文学作品……应用'文学作品'概念的能力关系到*知道如何做*的问题；它是一种属于实践的一部分的技能"[80]。这并非意味着读者具有关于文学作品是什么的理论，如果持有或表达这样的理论，甚至可能与读者对文学作品的理解相矛盾。这种理解体现在实践中，而这只有在从作者到读者的每个人都暗中将文学理解为具有审美目的的情况下才会发生。读者通过审美来理解文学作品的方式有助于实现这一目的。奥尔森提出的是可以让文学从美学上被鉴赏的惯例。正是这一点使奥尔森的文学体制论符合戴维斯对功能理论的定义。[81]

正如我们方才所见，奥尔森所说的"鉴赏"是一种**专门技能**，一种熟悉文学艺术惯例的方式，这些构成了作为一种制度的文学。这种"制度性"与迪基等程序主义理论有着天壤之别，因为共同的惯例充当了构成性规则并将文学定义为艺术。这些共同惯例使文学中超越单纯叙事的交流成为可能，因为它们可以超越纯叙事层面以保证象征性和主题性的推论和解释。"审美意图的本质和作为其目标的相应反应通常由惯例决定……读者寻找一种方法将文本分成可以在模式中讲述的片段，这就是他将该文本看作文学文本所依据的标准。"[82]因此，存在这样一种处理文学作品的方式，它不仅是文学制度的核心，还将文学制度定义为一种审美实践。一种特定的心态或一种审美态度还不够，甚至可能并不是必需的——行动决定了实践。正如加里·伊瑟明格（Gary Iseminger）指出的那样，"鉴赏"是"审美态度"的现代等价物，"它在对审美交流的描述中占据中心地位，这就是称其为*审美交流*的主要理由"。[83]在一篇元视角文章中，彼得·拉马克用维特根斯坦的游戏论探讨了他和奥尔森的文学概念的根源，他写道："单纯的文本或一串句子不能算是独立于特定实践的文学作品，该实践界定了文本的工作角色并在特定情况下将文本指派给那项角色。"[84]但"实践"不应用宽泛的社会政治术语来理解。实践概念"更为严格，关注点也不同"。[85]他援引奥尔森的话："文学……是一种更严格意义上的社会实践；即该实践的**存在**取决于一个概念和惯例背景，这些概念和惯例创造了识别文学作品的可能性并提供了鉴赏框架……如果文学正是这样一种制度，那么审美判断应该被理解为由实践定义且脱离实践便不可能实现。"[86]

正如我们从上述引文中看到的那样，奥尔森和拉马克在排他性方面非常严格朴素，奥尔森仿佛在说，没有构成审美判断的制度，就不会有审美判断。在"给文学作品下定义"时，他甚至声称："离开了文学制度或实践，就不会有文学作品，不会有艺术特征，不会有艺术统一或艺术设计，不会有结构元素，或任何诸如此类我们认为与文学作品的审美性相关的特征。"[87]我们应该记住，奥尔森是想给文学下定义，而我们此处关注的则是阐明关于审美诸多叙述与我们对葡萄酒美学项目的构想之间的关系。尽管如此，我们还是要在此再次指出，与葡萄酒的转变体验提醒我们，在界定葡萄酒审美鉴赏实践的制度方面时，不应过于严苛，但亦不应太过宽泛，以致模糊了其审美内涵。没有理由认为，文学读者在接受文学训练和采用文学惯例之前不会体验这种转变。

同样，有人可能想说，某些作品中可能存在一些早于因而也独立于文学制度的特质，它们可能已得到认可和重视，并成为该制度及其惯例和期望的起点。[88]从历史上看，这些或许是从其他宽泛的美学领域借来的。因此，在文学学术研究早期，人们发现建筑和音乐类比，以及来自早期文学形式（戏剧和诗歌）的概念，被应用于最近的文学形式（小说）中。

与葡萄酒的转变体验是葡萄酒爱好者自传中的一个

共同特征。我们通过杰西斯·罗宾逊的叙述举例说明了这一点。[89]这些体验似乎表明，我们确实可以在不了解葡萄酒审美鉴赏实践的情况下享受美酒带来的愉悦。当然，罗宾逊的叙述是在事件发生几十年后写的，在此期间她成了世界上葡萄酒领域的最高权威之一，她的记忆是这样："我无法言表，但每一口都让我着迷。我怀疑我们除了咕哝和流口水外是否试着讨论过葡萄酒。"[90]罗宾逊在此描述了一种体验，在当时和所涉及的两个人看来，这种体验既迷人又难以用描述性的或其他术语，包括审美术语传达。葡萄酒及音乐和雕塑等艺术可以提供这种"原始审美"体验。我们当然可以说咕哝和流口水行为就是我们在审美反应中所需的全部，但这会将审美领域主要局限于本能反应。[91]无论罗宾逊和她的朋友在流口水和咕哝方面有多么一致，他们都没有形成、应用或传达出审美概念。我们已经表明，即使是这样的体验也不完全是幼稚天真、缺乏经验的；其中某种层面的技能素养（可能是从其他美学领域借来的），包括审美能力，可能在发挥作用。

我们将这种体验称为罗宾逊的"原始美学"。我们在第三章表明，对于作为审美对象的葡萄酒的感知如何建立在将葡萄酒作为美学特质的可能来源的项目之上。当然，这种美学项目可能是"强加给"感知者的——前提是感知者不是绝对的葡萄酒新手，但一般来说，鉴赏行为是有目的的。对审美关注可能性的最初认识更像一种"桥接"体验——对一系列迄今未知的可能体验的一瞥。我们认为，这些"原始审美"体验与那些借助知识、经验和反思做出判断并在与他人交流中予以表达和捍卫的体验之间，存在程度上的区别而非概念上的深渊。当对象的特质强加给我们时（自下而上的显著性）[92]，可能需要"哇！"体验才能解释新审美领域的起源，或至少解释一个人对先前未知的领域产生兴趣的起源。原始体验在与其他美学领域的牵强类比基础上发挥作用，但它发生时不涉及主体的反思、阐明、阐述或讨论这些类比的能力。

考虑以下类比：一个12岁的孩子可能第一次感受到浪漫爱情，并且知道这与他或她所感受到的其他感受有所不同，却无法对这种感受加以分析或讨论。他或她会从书籍或电影中对浪漫爱情的描述中获得一些认识，通过对其他感受的了解获得大量知识，这足以使其将这种情窦初开的体验看成不同寻常的东西。因此，我们必须小心，不要让这一整套能力成为葡萄酒审美体验的*绝对*必要条件。转变体验不完全是审美的，也不需要一整套审美能力。我们在上文已确定了一些标准，其中包括具备相关技能素养的能动主体，以将一种体验评定为具有审美性和使审美属性浮现。因此，与其说转变体验是一种具体明确的感知对象的新方式，不如说是为相关类型的对象打开了大量新的可能性。当一个孩子在圣诞节收到一套大型乐高玩具时，大部分乐趣并不在于某个特定建筑项目的可能性，而在于看似具有无限可能的前景。像"哇"或"太棒了"这样的词足以作为这种新前景的初步标记。因此，个人的转变体验是审美实践如何建立的范例。这些促使个人想要获得鉴赏艺术和有一定背景的葡萄酒的技能素养。我们会在本章最后一节回到这些话题。

功能主义理论之所以被认定为功能主义的，是因为它们定义艺术或一种艺术（比如文学）的方式。我们已经表明，这并非我们此处关心的问题。我们关心的是将作为美学实践的葡萄酒的概念与当前的美学联系起来，并解释我们所说的审美能力的含义。功能主义理论对我们论述的主要助益在于它强调通过应用和实践来体现审美能力。审美是一项活动，正是通过该项活动，审美能力得以体现。然而，我们想解释的是审美能力的提升如何发生，并因此引入了"原始审美"体验的概念。

审美能力之必要性

虽然鲜有美学理论家表示艺术鉴赏是轻易或自然发生的。它需要教育、训练和/或制度协议。我们方才探讨的功能主义理论家将这类习得能力作为绝对先决条件。我们详谈了诸多关于各种技能素养和实践的内容。另外，在不熟悉优质葡萄酒的人中存在一种相当普遍的误解，即葡萄酒容易享用。我们第三章的讨论表明情况并非如此，但可能需要进一步举例[93]。波尔多波亚克的拉菲酒庄[94]的酒依然是世界上最昂贵的葡萄酒之一，在1855年的波尔多酒庄分级中，它因其价格而名列榜首。然而，这种葡萄酒并不易理解鉴赏。对于不具备适当背景的人而言，其特质不会立即显现。当葡萄酒新手试图了解一个地区时，一些葡萄酒和产地的属性和特质会更易懂。对于波尔多，许多新手发现上梅多克（Haut-Medoc）、圣埃斯泰夫（Saint-Estephe）和波亚克（Pauillac）这些经典产地的肉味、紧实和强劲的风格易于理解。体现这种风格的酒庄是玫瑰山庄园和拉图庄园。[95]圣朱利安和玛歌等产区的风格和品质则不同，它们更活泼、透明、清新和优雅——宝嘉龙庄园和宝马酒庄即是典范。尽管左岸葡萄酒之间有相似之处，但第一种风格不能作为后一种葡萄酒的标准，反之亦然。不同的风格——当然，这些只是波尔多顶级葡萄酒中两个极端类型——须用其自己的方式来鉴赏，每种葡萄酒都有着自己的风格。

吉伦特河的左岸，有一个对于多数新手来说都难以"入手"的区：佩萨克–雷奥尼（Pessac-Léognan）。该产区的葡萄酒不具备北部梅多克葡萄酒的肉质结构，但也未表现出最诱人的南部梅多克葡萄酒轻柔芳香的优雅。但它们拥有独特的芳香清新、平衡的酸度和精细的结构。它们给人留下深刻印象的不是重量抑或力量，亦非柔软或轻盈的优雅，而是果味、酸度和单宁品质之间细致而复杂的相互作用。拉菲酒庄与佩萨克-雷奥尼最好的葡萄酒有相似之处，但主要在于它的含蓄。拉菲不具备拉图酒庄的力量，也没有木桐·罗斯柴尔德酒庄（Château Mouton-Rothschild）的肉感果味。作为一款新酒，它紧密、封装且相当纤细——这一特点描述必须将所有的年份差异考虑在内。即使在坏年份，拉菲的发展也相当缓慢。大多数葡萄酒新手须花费很长时间才能了解和鉴赏拉菲酒庄难得的特质，他们还会发觉对于品尝过葡萄根瘤蚜虫病泛滥之前的拉菲的英国葡萄酒作家如华纳·艾伦（Warner Allen）的谄媚之词，[96]实在很难予以褒扬。只有积累了丰富经验，也许了解了1948年和1959年等具有里程碑意义的年份之后，人们才能以权威的口吻宣称波尔多不会比这更好了。

这些例子及许多其他例子均表明，品酒并非"简单的"感官享受，而是牵涉大量知识、训练和应用。我们希望上述章节对于文化素养和实践能力的讨论已经证明了这一点。我们在第三章末开始逐渐提出审美能力的概念，在此我们将对其展开进一步探讨。拉菲的例子表

第四章 葡萄酒中的美学特质 |

明，我们认为使葡萄酒成为一种审美实践的并非其可爱之处，而是它使人们可以交流葡萄酒体验，并通过有指导的关注找出那些使美学特质在所品之酒中浮现出来的特征。也即是说，我们不仅将"审美"定义为感官愉悦，而且葡萄酒审美鉴赏实践必然涉及可传达的美学观念，这些观念亦可通过感知指导加以证明。美学特质浮现了出来，人们经常发现很难写出关于那些最好的葡萄酒的品酒笔记。可以说，没有什么"冒出来"，人们会直接选择美学词汇。这款葡萄酒以和谐、复杂和精致的面貌，而非以标准品酒笔记中的果味、果核和触觉元素，呈现在具备接收其背景知识的人面前。此外，我们还发现，我们有幸遇到的一些顶级的葡萄酒在术语上看似乎是一种液体矛盾。它们既宽泛又明确，既丰富又优雅清新，而同时又透明、强烈且和谐。[97]在浮现出的特质的审美光谱中，明显对立的事物同时出现，这本身并非一种特质，却是使其更为丰富的体验的一部分。

审美浮现

  对于怀疑论者——那些尚未经历过此处提到的那种体验或至少未接触过葡萄酒的人，浮现可能看起来相当神秘。而我们坚持认为要具备文化素养和实践能力才能产生这些体验，这一观点可能并未减轻人们的怀疑。用形而上学的术语来解释浮现是一项挑战，但特质浮现的普遍问题至少与其他美学学科是共有的，我们可以求助他人——如西布利[98]——来分担这些问题。这些似乎是对象的特性，但又不像气味、味道或触觉特性那样可以在对象中找到。某种程度上，它们取决于我们可以确定为存在于葡萄酒中的特性，但美学特质与葡萄酒元素之间的关系并不受规则或准则支配。

  如果我们是从形而上学角度描述浮现，那就会使用复杂系统这一概念；也即，作为整体的一个系统，在更高的综合水平上表现出一种新特性或新的特性关系。问题是，我们所谈论的"系统"（葡萄酒体验）在诸多不同方面均十分"复杂"。例如，它不是独立自主的，而是依赖先前的经验和知识。正如我们强调的那样，对葡萄酒的体验并不幼稚天真，缺乏经验。它涉及两种以上的感官，再加上记忆、想象、模式识别等认知运作。尽管这个想法最初看起来很有吸引力，但简单地将一些复杂的系统理论引入这种情形，最终结果可能会比最初的问题更具推测性。我们在第三章提出了一种现象学语言来谈论葡萄酒体验。在此，我们会结合并运用本章学到的知识，对该话题做进一步探讨。

这里有一个与该话题有关的有趣现象：比起精确地描述感官元素，领会整个葡萄酒的美学特质和审美评价反倒容易得多。如果你愿意，大可以说整体大于部分。这再次表明，描述性项目与美学项目不同，它们所需的技能素养同样不同。此外，它还表明，后一个项目并不一定取决于前一个项目的完成。然而，当我们使用批评修辞来表达我们的发现时，特别是向一个尚未"领会"它的品酒师，通常情况下，我们需要使用描述性叙述来表示浮现出的审美特性。因此，批评家往往先下定决心，然后通过分析为判断奠定基础。

有时，品酒师在没有首先描述葡萄酒的情况下就直接跳到了整个美学层面。不过，所有项目都会"跳"到它们的意向对象。这种情况因项目而异。例如，分析性描述的项目最为谨慎，它只将对象作为对于所感知对象的完整描述。然而，一个鉴定项目可能会来回进行几次，形成关于葡萄酒的整体假设，然后再回到"证据"，以检验这些假设。因此，我们上一章关于过滤器、决策树和模板的讨论展示了鉴定项目的*逻辑*，但不一定是*过程*。然而，在这两种情况下，整体并不大于部分。对于描述性项目，意向对象只是由谨慎识别出的感官元素所体验到的葡萄酒。而对于鉴定项目，意象对象就是葡萄酒，因为它的这些感觉到的元素意味着其在葡萄酒界的类型、地区、产品和年份中占据独特地位。类似说法还可以用于评估葡萄酒的市场和价格点的项目，甚至是纯粹判断风土的项目，因为其元素见证了土地、气候或传统，从而体验了整个葡萄酒（通常，*风土*项目与美学项目有关，因为正如我们第三章所说，土壤、气候等因素只有在可以用它们酿出优质葡萄酒的情况下才重要。我们在第六章会回到风土）。美学项目与众不同之处在于它是通过中间意向对象"跳到"意向对象的。整个对象不仅是对它的全部描述，即使这种描述与其他类型的知识一致。整个对象——无论在美学上是否成功的葡萄酒——不仅是它的各个部分。或者用不同的方式表达这一点，不存在一套规则，我们凭借它们就可以确定一组给定的感官元素是否需要葡萄酒表现出美学特质。

我们在本章中发现，这一点的原因在于审美浮现并非葡萄酒体验中固有的，而是取决于文化知识和技能背景。对美学的"形式主义"或"自成目的"的解释过于简化，尽管它可能有助于引起人们对某些特征的关注。即使是"原始审美"体验也不是在没有某些假设的情况下发生的，尽管这些假设可能并不明确、集中或完善。上述对艺术体制论的阐述使我们探讨了技能素养背景需要多大程度上严格体现正式的制度程序（这是奥尔森对文学学术研究的看法），但这并未让我们忽视这样的背景。因为葡萄酒界的规范和实践从一开始就发挥了作用，所以，葡萄酒体验中浮现出一些本来不存在的东西。因此，我们的主张是：如果审美体验是一个复杂的、其中出现了某些特征的系统，这是因为该"系统"不能被狭隘地描绘出来。这不仅是品酒师不连贯的体验，而是"系统"包含了这些体验，因为它们已经受到文化、实践和审美能力的影响。换言之，这个系统就是葡萄酒界此时此地将我作为其代表的方式。

只有这样，浮现的美学特质才可以传达，也意味着可以用于批评修辞。当然，我单纯地喜欢某物，如食物的味道，这可能也不是毫无经验基础的。也即，它可能不是一种可以用我此时此地的感觉来解释的喜恶。这种反应是纯粹"主观的"。我与这些事物的个人历史——例如，无论在我的家庭还是成长过程中，我们都吃过凤尾鱼——都体现在我的习惯和偏好中。然而，这仍然只是个人喜好，批评修辞并没有说服力。再多的说服力也改变不了我的背景。因为审美经验从一开始就受到主体间持有的文化规范和实践之影响，因此，这些资源可用来讨论或辩论我们的评判。

各感官特性在项目中协调一致并指向一个意向对象，这是理想情况，至少在无法同时体验的意义上：被描述的葡萄酒、被鉴别的葡萄酒等。也即是说，我辨别出的每个感官元素均有其意义，即它是逐渐显露的意向对象的一个方面。随着美学特质的浮现，我的意向性发生了变化。[99]体验的每个层次均产生了变化。首先是感官要素的含义改变了。现在人们发现，就它们彼此之间或与整体的关系而言，它们是"巧妙的""和谐的"或诸如此类的。同样，意向对象也变了。它不仅得到了进一步的实现（它进一步揭示了自己），且现在具有了明确的审美性（即使其他项目也在发挥作用）。如果说我们故意做了一项美学项目，那么我们这样做是希望葡萄酒能有所回应。现在，风险得到了回报——或者说，我们发现这款酒是差酒。然而，葡萄酒美学特性的浮现是一种超越了特质"传递机制"的现象。即一款永远只能是转瞬即逝的葡萄酒，其美学特质浮现时带来的惊喜体验（即使是人们可能会期待的葡萄酒），以及当出现这种情况时身临其境的特权感，是整个体验价值的一部分。

美学特质作为中间意向对象浮现。它们**跨越**或**穿过**我感官体验中的各种元素（虽然它们于我的体验而言是理想化的），因为如前所述，**巧妙**不是一个直接的、描述性的感官元素。作为中间意向对象，这些特质的意义在于它们是整个意向对象实现的一个**方面**。在这里，整体也可能大于部分。美学特质可能不同：葡萄酒的某些方面可能精致细腻，但其他方面却令人沮丧地失去了平衡。此外，我们完全可能在葡萄酒中找到一系列正价、浮现的特性，但这些特性对于葡萄酒整体而言并不是很**有效**。这里的缺陷在于特质之间的关系及与整体的关系：我们可以说，葡萄酒缺乏**统一性**。因此，对象整体美学上的成败本身就与美学特质有关。换句话说，作为审美对象的酒也不仅是其美学特质的总和。

审美能力

我们提议，作为第一个和临时的定义，审美能力指的是：主体拥有的、文化素养和实践能力之外的能力，这种能力使美学特质可能在体验中浮现。对于任何一种被认为优雅、和谐、复杂或诸如此类的葡萄酒，酒的**直接**感知特质均可作为对其做评判的基础——或者人们可能首先转向这些特质以指导其他品酒师了解您正在体验的特质。然而，这些感知特质并未穷尽这些特质的含义。我们已经指出，美学特质对于感知元素来说是**浮现**

的。然而，浮现特性的独特之处在于它们出现在此时此地，并且是从这款酒中出现的，但它们的独特性并不是因为这款酒是唯一可被描述为和谐、优雅、深刻等特征的酒。正是这一事实促使我们进一步反思审美能力。

在任何单一品种葡萄酒中，当人们鉴赏它的特质时，从其味道元素（其中一些可以命名和列举）中浮现的美学特质定义了这种酒的特质。正是这些元素被认为是和谐的。因此，审美浮现是独特的——正如审美判断一样。然而，葡萄酒审美鉴赏实践中的实践要素意味着，尽管这种酒的任何单一特质的"意义"只能在酒的感知元素中找到（因为属性建立在这些元素之上），美学特质的"含义"吸收了它之前所有的应用和体验——甚至可能超越了葡萄酒的体验。因此，在讨论葡萄酒时，人们可能会关注到这种特定的酒如何有助于理解**优雅**或**复杂**，以及这如何在该酒中得以实现。葡萄酒是这些特质的实例之一，它加深了我们对其他葡萄酒的这些美学特质的理解——甚至超越了葡萄酒品鉴，延伸至其他美学领域和美学实践。我们将尝试解释这意味着什么。

　　究竟何谓和谐？是感知元素在且仅在这种葡萄酒中的相互作用，还是也可以是其他酒？若是前者，则和谐一词除单一体验之外没有任何意义，审美判断确实相当主观。若不是，那么和谐也一定适用于其他被认为和谐的葡萄酒。但是，和谐是**以完全相同的方式**在其他酒中找到的吗？显然不是，但每个实例仍是和谐的。随着与每个实例的体验，我对和谐的理解都在加深，但和谐仍是和谐。持续的体验使我对和谐的美学特质有了更丰富的理解——例如，不同风格或类型的葡萄酒实现和谐的方式各不相同——并提高了我以感知的方式指导他人的能力。葡萄酒的和谐是从味觉、嗅觉和其他类型的元素（如口感）中浮现的和谐。波特酒中的和谐不同于雷司令珍藏酒中的和谐。然而，和谐特质的浮现并未抹去其他的一切。正如我们上面谈到的，这就是它为何是一种看进而非看作。和谐就在于波特酒的糖分、酸度、口感等。看进意味着每个实例均须有所不同，因为它是通过当时存在的特定感知特性来表达的。正如我们在第三章和上面所说的那样，美学特性是一个中间意向对象。美学特质属于单一判断，没有可以确定其浮现的客观标准，但美学特质也是一种类型的实例。由于美学特质的特殊逻辑，识别它们的能力须经常使用和借用跨美学领域、具有交叉性的范例和类型。如前所述，若其他条件不变，相比于缺乏审美能力的人，在某个美学领域具备审美判断能力的人更容易在另一个不同领域做出审美判断。这一点依然正确，尽管若所论及的领域是绘画和葡萄酒或两种类型的葡萄酒，这种优势或许存在数量上的区别。

我们对审美能力的最初定义需要补充一点，即它使我将对其他美学现象的体验带到了审美判断的特殊情形中。这些体验主要关于相似的葡萄酒。因此，审美能力习得涉及先前对葡萄酒的体验和近似的体验。在接下来的两章中，我们将讨论为我和其他人编码这些体验的几种方式。例如，葡萄酒、葡萄园或特性"典范"。然而，它可能还需要来自各种葡萄酒甚至葡萄酒以外的体验，尤其是若我有足够资源可以从审美角度加以了解的新酒和不甚熟悉的酒。至少在某种程度上，我需要知道的是审美和谐意味着什么——就如何将其用于判断和交流的专门技能而言。这种理解将基于它对广泛

的审美群体（包括葡萄酒世界之外的审美文化）一般
意味着什么，在葡萄酒领域内可能意味着什么，以及
对某种类型的葡萄酒又意味着什么。因此，审美能力可
能主要包括一种实践能力。它通过类似我们所说的实践
能力的方式获得：持续不断的实践、重复、比较、感知
指导。审美能力可能也有文化成分，它包括在不同种类
的葡萄酒和产地中哪些属于理想的美学特质。一瓶夏
布利酒意味着活泼优雅，而阿尔萨斯的琼瑶浆（Alsace
Gewurztraminer）则将馥郁和芳香视为理想特征。构成
一种酒中的和谐的因素迥异于构成另一种酒的和谐的因
素，这种知识在起源上并不完全是实用的，但我们认
为，它还包含一种鲜明的文化知识成分。要判断这些酒
中的任一个是否和谐——或判断什么促成了它们整体审
美上的成功，还需要一种文化素养。如果的确如此，考
虑到此类知识仅与审美体验相关，甚至实际上与审美体
验联系起来才有意义，我们将这类知识也作为审美能力
的一部分。

　　最后，还有可沟通性的问题。从第一章开始，我们
就强调习得审美能力的主体间性。广泛的美学规范和范

例通过各种机构和教育过程来传达，除非是死记硬背的情况，否则这些机构和过程即是感知指导的形式。在葡萄酒领域，我先前对尚不熟悉的范例的体验将成为指导感知的实例，无论我的指导者是亲自出现，或是仅以线上品酒笔记的形式出现，抑或以书籍或杂志的形式出现。在我熟悉了某类葡萄酒后，指导性的感知可能仍然重要，因为品酒通常是一种社交活动，涉及爱好者之间的讨论，其中一个人可能已关注到一些东西，或者找到了描述我们都关注到的东西的方法，我觉得这很有助益。审美能力源于交流，它往往在交流中产生。作为一名称职的品酒师，我可以作为他人的感知指导者，测试和加强与品酒师同行的共同判断，甚至通过培训新人来维持我的社区。即使我不以这种方式进行社交，我的私人品酒笔记及最终我的外显记忆也均是交流的实例；出于所有实践目的，它们对于后来的我而言均是指导感知的实例。

既然我们提出了审美能力习得这个话题，那么显然，一个人可能比另一个人更有能力。这是何意？一般来说，我们预期更强的能力与更丰富的经验相关联，尤其是针对那些佳酿之典范。更强的能力将以明显和熟悉的方式表现出来：判断的可靠性更高（个人的判断更经常地与其他大多数独立且普遍有效的意见一致），以及涵盖多种类型的葡萄酒的丰富专业知识。更高水平的能力也可能影响以感知方式指导他人的能力，且通常还会影响就葡萄酒进行清晰交流的能力。我们在这里讨论了审美能力之必要性及审美能力如何使浮现成为可能的问题。在审美群体中，我们将高水平能力称为"专业知识"。在下一章中，我们将进一步阐述这些话题并提出以下问题：何谓葡萄酒专业知识？我们为何要聆听或信任专家？葡萄酒专业知识也是一种特殊的审美专业知识吗？

注释：

1 Kant（1987）：55，section 7.

2 Charles Taylor（1988）：120–121提出了该观点并为之辩护。

3 Kant（1978）：41.

4 Kant（1978）：44.

5 Kant（1978）：45. 然而，被动性的说法并不正确。康德还声称，"其他人被迫分享其中的乐趣，无论他们是否愿意"。但是，正常呼吸时，仅有10%的气流穿过嗅觉感受器。有意识的嗅闻行为是气味探测的重要步骤。它使鼻腔中更多的受体发挥作用，正如合格的品酒师都知道的那样。参见 Zhao et al.（2006）——他们还发现嗅闻的持续时间比它对嗅觉检测的优化更为重要。

6 这显然是康德分析中的一个缺陷，他没有意识到大部分被称为"味觉"的东西实际上是气味。就其整体立场而言，这个问题倒也无伤大雅。

7 概念形成背后的先验活动被视为所有经验概念的解读。

8 Kant（1987）：Introduction，VII.

9 参见Burnham（2004）：149–158。

10 比如可参见Plato（1975）：65b。

11 Crane（2007）.

12 Scruton（2007）and（2009）.

13 Bach（2007）.

14 Crane（2007）.

15 Todd（2010）.

16 Todd（2010）：145ff.

17 Todd（2010）：158. 顺便说一句，我们认为托德的质疑是正确的，即直接或自发性的表现力与联想之间究竟有多大区别。毕竟，我们的美学是一种"情境主义"美学。但我们将不再对此做进一步探讨，因为我们此处并不关注上述区别的有效性问题。

18 参见我们第六章的讨论。

19 Bettane（2011）：214.

20 大半非年份香槟均含有大部分最近年份的葡萄酒，然后是一定比例的一个或几个以前年份的珍藏酒。

21 比如法国的拉氟德或加拿大的拉曼。比如可参见www.lallemandwine.us/products/yeast_strains.php（accessed September 5，2011）。

22 Todd（2010）：161–172.

23 我们将在第六章对项目间的相互影响具有的美学意义展开更广泛的探讨。

24 这与我们对于典藏葡萄酒的看法不同；见第五章。

25 Kant（1987）：181，section 48.

26 Dewey（2008）.

27 "空洞" "可怕" "浅薄" 和 "脱节" 也是美学概念，但这些并非理想特质。

28 Sibley（2001a）：4.

29 Dewey（2008）：42ff.

30 这是杜威对康德无利害概念的诠释，而这一概念又是他从英国经验主义者（始于沙夫茨伯里伯爵，据斯托尔尼茨所说）那儿借来的。

31 参见Dewey（2008）：10。耐人寻味的是，杜威在这段话中甚至将模仿理解为这种有组织的文化的彰显。另请关注，杜威认为将帕特农神庙的宗教体验与美学的世俗体验混为一谈是有意义的。像任何一个坚定的实用主义者一样，杜威会争辩说，就两种截然不同但都是整体上有组织的生活方式而言，两者具有相似的功能。

32 我们会在第六章讨论汉斯–格奥尔格·伽达默尔时再讨论此类问题。

33 Wollheim（1980）：11–22，sections 10–14.

34 实际上，有两种不同类型：感知性看进与表达性或投射性看进。我们主要关注前者。参见van Gerwen（2001）：135–150（ch. 10）。

35 Van Gerwen（2001）：2.

36 Crane（2007）.

37 沃尔海姆并未采用看进来谈论美学特质。我们认为他没有理由不这样做。

38 我们在第二章明确提出，葡萄酒的部分审美体验与风土等现象有关——这是否能在表征模型中得到最好的理解，将在第六章中加以考虑。

39 Rowe（2004）.

40 Rowe（2004）：74.

41 Rowe（2004）：75.

42 Rowe（2004）：76.

43 然而，在罗的斑点中，有且只有一种看待该图像的正确方式（作为一张脸）。对于艺术或葡萄酒的批评性解读，这并非一个站得住脚的说法。我对对象的"观点"可以通过进一步的批判修辞或其他手段或动机，转向不同的表述。

44 Rowe（2004）：78.

45 Wittgenstein（1966），section 12（pp. 4–5）.

46 Rowe（2004）：77.

47 "做出审美判断的关键是，在某些时候我们要准备说这样的话以支持该判断：难道你看不出来，听不出来，找不出来吗？"参见Cavell（1976）：93。

48 人们不需要在糖浆中闻到真实荔枝的味道，就可以学会如何正确地把该味道归为一种葡萄酒的特点。

49 然而，人们可能会发现，葡萄酒的某个方面——如余味——是优雅的（或其他一些美学特质），即使审美对象（葡萄酒整体）并非如此。

50 Davies（1991）and（2001）.

51 经典叙述是Danto（2008）做出的。丹托更为深思熟虑的观点不是迪基意义上的体制论，因为它包括有关艺术作品的"关于性"和感知者对它的体验的主张。例如，参见《寻常物的嬗变》（*The Transfiguration of the Commonplace*）第一章；Danto（1981）。

52 Dickie（2001）. 对其审美态度之批判的经典陈述见于迪基（2008）。

53 Iseminger（2004）.

54 特别在Olsen（1987）中，后在Olsen（1987）和彼得·拉马克的Lamarque and Olsen（1994）中得到进一步发展。

55 见Danto（2008）.

56 Dickie（2001）：63ff. 还可参见 Dickie（2000）：94。

57 我们暂且不论这是不是对沃尔海姆的充分回应。

58 参见Ryle（1949）：25–61。

59 Sibley（2001a）.

60 事实上，在迪基那里，事情可没这么简单。他将艺术作品与艺术作品鉴赏区分开来。前者是后者的"候选人"。参见Dickie（2000）：93–108。然而，迪基并未详细说明他所说的鉴赏为何意；因此，鉴赏事实上是不是从后门偷运进来（通过不正当手段得来的）的看法尚不清楚。

61 然而它是不是一件成功的艺术作品还不得而知。

62 Dickie（2008）：457.

63 Dickie（2008）：459. 而这与奥尔森和拉马克提出的文学鉴赏观非常吻合。见本章后面的讨论。

64 参见Carroll（1999）。尤其是第四章"艺术与体验"（pp. 155–204）。

65 参见 Sibley（2001a）：1。

66 Carroll（2006）.

67 参见Carroll（2006）：76–80。

68 Carroll（2006）：78.

69 卡罗尔援引了Marcia Muelder Eaton（2001）作为该审美体验定义的支持者。

70 一个愤世嫉俗的观点认为，原作的存在只是为了让收藏家自鸣得意，让一些艺术家家财万贯。

71 参见保罗·盖耶（Paul Guyer）关于戈特利布·鲍姆嘉通对美学的"发明"（1998）：227–228。这是审美经验之"情感导向"描述的例子之一。

72 Carroll（2006）：82.

73 Carroll（2006）：89.

74 Cavell（1976）：93.

75 Davies（1991）：1.

76 Olsen（1978）首次全面介绍了这一理论。Olsen（1978）是一部文集，其中部分文章发表于1973年，有些此前从未发表。在上述文集中，奥尔森特别感谢了彼得·拉马克，两人于1994年共同出版了《真理、虚构与文学》（*Truth, Fiction, and Literature*）。

77 在该情境中使用"项目"一词是我们的做法。奥尔森写的是阅读实践或模式。

78 Olsen（1987）：134. 顺便说一句，奥尔森加入了一长串利用葡萄酒品鉴作为替罪羊的哲学家名单。他声称，这种鉴赏模式不同于文学鉴赏，因为此处的鉴赏——及最终的鉴赏本身——完全是感知性的。参见Olsen（1987）：125。

79 Olsen （1987）：134–135.

80 Olsen（1978）：1.

81 Davies（1991）：1.

82 Olsen（1978）：82.

83 Iseminger（2004）：26，强调为后来所加。

84 Lamarque（2010）：377.

85 Lamarque（2010）：376.

86 Olsen（1981）in Olsen（1987）：11.

87 Olsen（1976–77）in Olsen（1987）：81.

88 还可参见Skilleås（2001）：54–58。

89 Robinson（1997）：30–31.

90 Robinson（1997）：31.

91 这将是个错误——参见我们本章开头对康德的讨论。

92 参见第三章和Knudsen（2007）。

93 这些例子主要不是我们自己的，尽管普遍观点我们都体会过。我们对拉菲酒庄的经验有限，部分出于经济原因。对拉菲酒庄的讨论借鉴了挪威葡萄酒专卖特别顾问Per Mæleng博士的丰富经验。在挪威语发布的公共论坛上也公布了这个普遍观点。参见Mæleng（2011）。

94 要享受拉菲，光有必要的技能素养和实践是不够的，还需要雄厚财力。这款酒一直是波尔多最昂贵的葡萄酒之一，但最近的价格却贵得出奇。在写这篇文章时，单瓶2009

年份的葡萄酒很难以低于2000美元的价格买到（据www.wine-searcher.com），而1982年份的葡萄酒每瓶大约要3600美元。可以说，拉菲已经从被看作一种葡萄酒转变为主要被视为一种金融资产。打开这样一瓶酒可能与美学无关，而更像是用一张百元大钞点燃一支雪茄。

95 不过，后者在经济上很难获得。在2011年Liv-ex波尔多酒庄分级中，它是第二贵的葡萄酒；www.liv-ex.com/pages/static_ page.jsp?pageId=255（accessed September 10，2011）。

96 Warner Allen（1961）：239–241.

97 还有其他葡萄酒，但我想到的是这两款葡萄酒：2003年产的Bollinger Vieille Vignes Françaises 1996和2011年产的Keller's Westhofener Absterde Riesling Grosses Gewächs 2009。

98 Sibley（2001a）.

99 这是沃尔海姆"看进"观的一个核心思想。

第五章　葡萄酒品鉴与专家评价

The
Aesthetics of
Wine

　　我们已在前一章中谈及审美能力的本质与必要性。所述三种能力如相结合，便可言为"内行专家"。人们将在某一特定领域拥有相应才能和话语权的人称为专家。不难理解，一个人是怎样成为园艺专家、心脏外科医生或深海潜水员的。也不难看出这个人的能力是如何得到认可，或因何在其领域所做论断受到尊崇。然而，谁能自诩为鉴赏葡萄酒的专家呢——抑或是更为普遍意义上的美学鉴赏专家呢？

　　问题之一便是全球范围内葡萄酒专家的可信度——我们为何要相信他们？或许，与此相关联的是隐含承诺背后的假设,即葡萄酒可以被评估或鉴定,其效度自发言者开口时便延续存在。在第二章中,我们讨论过葡萄酒既是一个模糊客体,也是一个移动目标;而在第三章中,我们察觉到人们对于葡萄酒的感知实则是一种受议题及既有经验支配的凝视。在第四章中,我们厘清了审美能力的概念——它基于沟通度。这意味着审美判断是一种在知觉引导下获得的主体间能力。作为美学议题的一部分,评判葡萄酒所需审美能力不亚于它所依赖的实践和理论能力。然而,提高这项能力的关键在于,了解葡萄酒中的经典及相应评估和讨论方式。在一个美学议题中,且经由一位专家指导,这些葡萄酒便可能出现诸如"精致""优雅""深刻"等美学特质。该议题让美学特征现身、明示,继而获得青睐。培养品鉴能力还需要了解那些无法展现出优秀美学特质的葡萄酒——抑或是堪堪及格的葡萄酒。纵使我们都能认可上述观点,但或许仍然好奇,我们其他人如何判断谁是专家,以及为何应该关注这些专家。

为解答困惑,本章将谈及哲学家休谟的文论,探究评论家的工作内容及流程。我们将讨论与葡萄酒专业知

第五章 葡萄酒品鉴与专家评价

识相关的话题——例如，葡萄酒大师资格——评价其哲学意义。最后，我们将跟随美学家杰罗尔德·莱文森（Jerrold Levinson）分析经典在鉴定认可专家能力方面发挥何种作用。

鉴赏与明辨

人们是否具有辨别与鉴赏事物美学特征的能力，决定其发表美学议题言论的规范效力。休谟曾言，"我们理所当然会寻求一种鉴赏标准"[1]，以此分辨优劣。然而，达成此事并不容易，因为"所有感觉皆合理；因为感觉仅系自身，无关其他，不论地点，发于人心，恒常存在"[2]。审美判断并非客观；它们是主观产物，生于特定时间内单一意识的认知。诸如"此为玫瑰，玫瑰美艳，故此为美"的分类或演绎推理并非鉴赏判断，亦非真正美学。审美判断有个特征，即它是个体在特定时间对单一物体或现象所做的单一判断。审美判断仅仅根据判断者头脑中所呈现之物而产生，尽管如此——当然——我们断言存在的各种特质由物体衍生而出。我说落日绚烂，你或许谈论蒙克画作《病中的女孩》（*Sick Girl*）沉痛悲哀。主体判断客体。这是讨论美学规范性时的一般假设。休谟谈到，纵使晓然这种主体性不可或缺，一些有关审美价值的论述似乎与大众谚语"品味无可争辩"背道而驰，至少存在偏差。有一类人坚称："无论是谁，若主张**奥吉尔比**和**弥尔顿**，或**班扬**和**爱迪生**之间的天资与优雅应平等视之，都会被认为是一种过度争辩，就像他坚称一个鼹鼠丘能高耸似特内里费岛，抑或是一片小池塘宽广若汪洋大海……品味人人平等的原则被抛之脑后……"[3]从休谟、康德再到如今的著名美学家们，有个问题一直令其费解，即审美判断的规范性源自何处。有关品味的经典问题是，一个人基于在某一时刻个人所想内容所下判断，如何能够断言其客观效度或主体间有效性。

须关注到，休谟所举事例类属文学范畴——如果摒弃他对地形的比较，它们并不涉及作品的优劣，而论作者才能的高下。因此，**过度**并非对某一作品美学价值的单一陈述，而是人们大抵基于作品对作者总体能力或优势产生的共识。休谟所举例子并未涉及单一作品，比如弥尔顿的《失乐园》，倒不妨说基于作者是巨擘还是庸才。因此，美学判断所依据的，和休谟引言里作者全部作品整体性的相对价值判断相比，区别显著。也就是说，无关弥尔顿某一首诗与久经遗忘的奥吉尔比所著某部作品的优劣比较，而是论他们的文化地位。前者是一种审美判断，而对他们文化地位的判断则不然。休谟认为，审美判断尽管单一，但也须经受更广泛文化价值观的熏染触动——比如我们见证正式或非正式准则的建构。与艺术相同，葡萄酒界亦有准则。

休谟以社会共识疏解品味（de gustibus）的桎梏，该方法在葡萄酒界轻而易举地发挥调和作用。引述休谟所言，在葡萄酒界，"天才和优雅"的迂腐判断不落在葡萄酒酿制者的作品，而是落在"优良的产地"，例如特定地点，或是在限定区域内酿制葡萄酒的酒庄——香槟如是。无论是休谟所举作者之例，还是葡萄酒之美学特质，超越个体的规范性都固化为权威本源——无论是作者、地点还是产业。我们将在后文继续探讨，培养美学真知中正规经典和相关价值标准所起作用。

由此看来，为消弭葡萄酒的"口味争议"，我们需要研究休谟论及的理想评论家对专家评价的主张，以及口味准则的确立过程。两者息息相通。假若在艺术领域和葡萄酒界，专家评价与规范准则的确立方式有相似之处，我们就已然突破了上章的结论（两者皆为美学实践），并且正在畅顺建构葡萄酒鉴赏的普遍美学含义。

休谟在1757年所著文章中写道："敏锐感知，系细腻情感，由经历锤炼，借争竞臻善，悉摒除成见，评论家唯有如此才能肩此重任——成为高阶美学艺术的专业评论家。"[4]虽然休谟在这段引言中表面上着笔"高阶美学艺术"的相关鉴赏，但我们已然表明立场，即葡萄酒鉴赏与其他鉴赏内容毫无二致。然而，葡萄酒与艺术作品仍有诸多不同之处。休谟所举事例大多有关文学，他认为文学这种艺术形式"无非是接二连三的命题和推理"。葡萄酒，正如第四章所述，是全然不同的事物。它是一种具有特性的液体，由人感知，在塞万提斯所著文学小说里详细叙述了品评葡萄酒一事。在葡萄酒鉴赏方面，拥有"敏锐感知与细腻情感"究竟有何意味，是不是促成专业评价的必备要素呢？

味觉灵敏与超味觉人类

　　根据猜想，休谟文中的理想评论家可以发挥他们在味觉判断方面的卓越才能，平息评论家们的喋喋争论。其中一种才能已在前文提及，即"味觉灵敏"。"生理器官运作良好，不遗漏一丝一毫；[5]与此同时，又能精准觉察每一种原料成分：这就是我们所说的'味觉灵敏'，不论是其字面还是象征意义。"[6]倘若休谟的观点不变，器官的精妙可能与专注和识别的精神力量更有关联，而非觉察能力的物理上限，因为他对精致的口味和灵敏的味觉进行了界定："在多数情况下，拥有非常精致的口味可能给自己和朋友造成严重不便；但若拥有蕴含智慧之美的敏锐味觉总是一种美好品质。"[7]那些"口味精细"的人，可能就是我们如今日新月异的科技时代所说的"超味觉人类"或"超嗅觉人类"，这些内容在第二章中已然提及。

　　在这些能力上他们超过了我们绝大多数人，凯恩·托德在他的书中流露出对这些超味觉人类的担忧："毫无疑问，研究得出的某些结论给葡萄酒鉴赏的客观性与专家评价带来重大挑战；我认为，'超味觉人类'危险至极。"[8]然而，我们认为这种威胁似乎被高估了，因为没有证据表明葡萄酒专家是"超味觉人类"。丁醇是一种相对纯净的嗅觉刺激剂，常用于测量气味觉察能力的阈值。[9]但是，暂无研究表明葡萄酒专家和新手在觉察丁醇能力方面存在任何显著差异。[10]酒评家小罗伯特·帕克是《葡萄酒倡议者》杂志的创始人，他为自己的嗅觉和味觉投保了100万美元，但他并不一定是一个超味觉人类。

此外，将超味觉人类和葡萄酒专家等量齐观也成为一个问题，因为只有轻松觉察少量稀释液中的某一种特定分子，才能被认定为超味觉人类或超嗅觉人类。这不太可能利于其评估葡萄酒，因为酒中含有大量物质，难以明辨。如果有一种成分凸显，这并不会成为助力——甚至会是阻力。话说回来，葡萄酒专家起初似乎并未有任何感知优势。在辨别葡萄酒方面，葡萄酒专家比新手更擅长，[11]但葡萄酒专家和常饮葡萄酒者之间并未有任何明显区别。[12]现有证据全都表明，葡萄酒专家没有天赋才能，而是通过训练来培养能力。[13]理查德·J.史蒂文森总结道："如果我们喝足够多的葡萄酒，（专家们）能觉察到的，我们也能感觉到。"[14]

综上所述，托德或许完全无须为超味觉人类感到担忧。然而，为方便讨论，我们假设葡萄酒专家是超味觉人类或超嗅觉人类。基于这一假设，葡萄酒专家可以识别判断葡萄酒中的一系列成分，而这是在生理机能上不那么幸运的人类所无法获得的。言下之意是，这些拥有超级味觉的葡萄酒专家按照自己能够感知到的相同对象归属于某个群体。打个比方，他们就像拥有一双X光透视眼，或是能看到可见光谱之外的颜色——比如红外线。他们所持观点可能并不会与大众经验一致。因为，正如第三章和第四章所述，审美经验由其他经验产生，这些超味觉人类的审美观也不一定全然正确。

虽然我们大多数人无法拥有超味觉评论家的体验，但可能仍有其他非审美层面因素使我们愿意听从他们的建议。须牢记我们对各议题的重视，有许多议题可能关乎超味觉评论家的发言。你可能会想用广受好评的葡萄酒抬高身价——向朋友和大众炫耀一番，展示你在葡萄酒界的资历之深。这无可厚非。然而，尽管你挑选葡萄酒以彰显上乘品位，但这可能并不合你胃口，而受他人钟爱。因此，它可能无法如你所愿，惊艳你的一众好友。此外，鉴于金融项目从业者有能力推动市场，于他们而言，听从超级味觉者的建议则是出于理性考虑。考虑到波尔多顶级葡萄酒的高昂价格，这类高端系列的葡萄酒和其他葡萄酒并非供人享用，而是作为各类资产中差异化投资组合的一种选择。这里展现的理性也与品位或经验无关，而是关乎其他价值。

托德认为，超味觉人类的存在引出了一个问题，即何人标准可奉为圭臬，[15]但这足以让我们怀疑超味觉人类在美学界的影响吗？众所周知，在所谓超味觉人类优势背后的基本假设是，他们能尝出或闻出正常味觉者基于生理原因而无法感知之物。再多的训练、经验或知识也无法让我们有相同体验。这就是为何超味觉人类的存在与文化、实践和审美能力的获得迥然不同。获得这些能力只需付出相应努力，这种努力很大程度上是由一种由经验转换激发出的强烈兴趣所推动的，其中的经验方面才是动力。在一项美学议题中，葡萄酒专家们以平面于自己的味觉世界，有何能激励他们呢？托德首问，何人标准可奉为圭臬，前提是议论标准无须参考经验。

就独特性而言，那些勤勉训练有所成就的能力者与超味觉人类相异。通过努力，那些普通生理水平者能获得能力，因此，原则上所有人——或者至少绝大多数人——都能具备能力。[16]而超味觉人类展现的超常能力则与众不同，因为它与生俱来。我们主张，葡萄酒专家评价不能基于生理例外论，要欢迎具有正常生理能力的人参与评价，使得美学实践具备"大众"的规范力量。有建议称，超味觉人类可以成立一个组织（Nosa，类似门萨俱乐部），并组建自己的审美组织。但非会员并无理由嫉贤妒能。从鉴赏角度来看，听从这些专家的建议是不理智的。对于审美议题的主体间效度，必须有某种生理上的*共通感*。因此，从美学角度来看，遵循基于感知的个人建议也是合理的，即使其知识或经验不足。事实上，那些在生理层面与我们无甚显著差距的专家所提建议，可能会激励我们达到充分享受葡萄酒所必需的专业水平。

我们甚至可以说，如果葡萄酒专家，比如今天的杰西斯·罗宾逊和罗伯特·帕克，在嗅觉和其他感官方面比非专业人士要强得多，那么我们听从他们的口味就无需过多理由。如果你在认知或情感上与这些评论家没有本质不同，那么将同种气质类型的理想评论家们所提建议纳入考虑，这是合理的。因此，无论是实证发现还是哲学推理都表明，休谟主张"味觉灵敏"是出色评论家必不可少及梦寐以求的特质，但并不意味着他们应该像超味觉人类那样，凭借生理因素超越其他人所能企及的味觉领域。我们在第三章中可见，知识和经验赋予我们正确且定向关注事物的能力，但生理优势并不能保证审美优势。休谟大概是在强调"真正的专家"所必需的心理素质——他坚持"敏锐感知，系细腻情感"。[17]这里的"感知"指的是一种心理能力，即关注事物的能力，而并非生理上的感知。

但如果反过来想呢：不是"超味觉人类"，而是"弱味觉人类"？显然托德并不担忧，但他和我们是否应该对此有所顾虑呢？嗅觉丧失症便是一个鲜明案例。鉴于嗅觉对葡萄酒整体感官体验（也就是我们通常所说的品鉴）的重要性，我们在第二章和第三章中探讨了这一点，嗅觉丧失的人不太可能成为葡萄酒专家。但如果是某种并不完全的疾病，见于第二章，即常见的特殊嗅觉缺失呢？葡萄酒专家是少数没有被剥夺特殊嗅觉的人吗？这与专家评价和规范性有何联系呢？分子种类可能至关重要。如果一个人无法察觉葡萄酒中最常见的缺陷之一，比如三氯苯甲醚——也被称为"软木塞污染"，那么他就很难成为葡萄酒专家。然而，并不是所有分子都适用于所有情况。一种对评价雷司令白葡萄酒很重要的分子，在其他品类中可能根本找不到。是不是有些葡萄酒专家的能力范围不够广泛？从目前葡萄酒界的情况来看，这似乎无可争辩：许多葡萄酒专家的确各有所长，而且通常也意识到自己的局限性。[18]意识对规范性很重要——正如我们所讨论的盲饮。审美鉴赏和审美判断亦是如此。对个体X来说，某种特殊气味在形成美学特征中不可或缺，尽管这种可能性不大；但是个体Y无法察觉出这种气味，因此他们产生分歧。如果Y具备刚刚提到的自我觉察意识，Y很可能会听取X的评价。

若无进一步证据支撑，我们无法断言：未患特定嗅觉丧失症是葡萄酒专家评价或纳入理想葡萄酒评论家群体的标准。"超味觉人类"具备在微小稀释溶液中觉察出一种分子的能力，"弱味觉人类"由于选择性嗅觉缺失而完全无法觉察到任何一种分子；但在葡萄酒中，审美判断并非探查其中的成分。尽管所有判断都必须基于葡萄酒中感知到的成分和整体，但美学特质所归超越了这些因素，因为它们都是浮现性质：它们建立在经验的感知部分，却无法凭经验感知出来。因为众多分子中的一个被少数人发现与否并不会影响审美判断的规范性，也不会影响共通感之中针对对象的专家评价。

实践与比较

休谟提出以下两个判断标准："进于实践，臻于对比。"[19]我们在前几章中强调实践和文化能力时已然涵盖了这两点。由此而论，这些标准的相关性围绕着一个问题，即它们是否增强了评论家所下判断的规范力。批评家们是否精进于实践，他们的判断是否臻善于对比？如是，为什么呢？

我们继续讨论第三章，其中介绍、讨论及澄清了几个概念。主旨是强调了在葡萄酒鉴赏中知情和定向关注的重要性。若你在品鉴之前已经品尝过其他年份的葡萄酒或通晓同类型葡萄酒，并了解这些葡萄酒及其酒会的相关文化知识，那就再好不过了。正如第四章所述，判断葡萄酒的标准是有情境的。因此，"一刀切"的想法——某些美学特征在不同种类甚至不同实例中一模一样——是不可取的。既如此，熟悉该种类，或该区域，乃至生产者或许与更为宽泛的能力同等重要。

情境知识和经验应关乎品位问题，而休谟所著文论可以用任何审美判断的经验基础来解释。我们在第三章中指明：审美判断因感知事物而产生，虽然我们总有所疏漏。实践和对比都为定向关注打下良好基础，但美学特质的显现也离不开它们吗？诸如协调、优雅和复杂性这样的美学特质，或许是否与辨别葡萄酒中的味觉成分一样，需要同等或更多的实践与对比呢？这确实是我们在前一章讨论葡萄酒鉴赏的审美实践时所论证的。因此，将这些标准纳入我们对品位问题的讨论具有意义——特别是当审美判断的规范性存在争议时，当审查专业品酒作家所必需资格时。鉴赏葡萄酒这项审美实践主要是为了驱动涌现审美特质，同时也为使用优雅和复

杂性等术语定规。但这给味觉问题及真正鉴定家和理想
评论家的规范性带来什么影响呢？

在我们思考这个问题之前，须牢记休谟提出的第四
个准则，即真正的评论家"须摒除成见"。[20]潮流风尚
和个人偏好妨害了正确判断，但具备绝佳判断力的理想
评论家肯定不会陷于吾等凡夫俗子趋之若鹜的潮流风
尚。这似乎不言而喻。判断若在某种程度上无关品鉴对
象，而是基于成见，那么真正的判断者就无法定论并受
到尊重。然而，正如我们在第三章中所见——例如，在
讨论盲饮时，理想的纯粹判断，即不基于对该对象的任
何先验知识，很可能与实践和对比产生的必要背景不一
致。你对此知之愈多，就愈能把关注力集中到它的相关
特征上——这囊括了美学特质。与我们讨论品位问题高
度相关的是判断标准的意义，以及萌生审美能力的各种
对比。

赏家水准？在葡萄酒界，专家评价有一个黄金标准。葡萄酒大师（Master of Wine，缩写为MW）是由葡萄酒大师协会颁发的资格证书。这被认定是对葡萄酒能力与知识最严格的测试，即使是那些有资格参加的人，失败率也极高。也就是说，人们可以通过点击浏览协会网页上现有葡萄酒专家名单以了解"葡萄酒专家"的直观定义。[21]这一最高头衔受到世界各地葡萄酒爱好者和专家的广泛尊重——尽管从葡萄酒大师的名字来看，他们都是英语母语者，这不免令人担忧。[22]

该协会称，葡萄酒大师资格主要针对葡萄酒业务专业人士，并"令其在处理各项葡萄酒业务时发挥独到见解及运用一系列技能"[23]。要达到这点，其中就包含了培训过程：申请人会被分配一个教练，共同品尝葡萄酒——这反映了新晋葡萄酒大师在更广泛的品尝社区中所具有的感知指导的主体间作用。可以预见，这些考试兼具理论与实践。实践考试为两天两场，每场须对三套共12种葡萄酒进行作答，对葡萄品种、原产地、酿酒工艺、品质与风格进行盲品。理论考试为四天四场，每场三小时，题目涉及葡萄酒业务、时事、葡萄栽培和葡萄酒酿造。然而，有趣的是，实践能力和理论能力都被认为是取得行业内最高成就所必备的重要能力。[24]尽管失败淘汰率极高，但倘若你通过了考试阶段，你仍须写一篇与葡萄酒产业相关的原创论文。

这意味着，作为葡萄酒界的权威人士，葡萄酒大师并非仅仅因审美特长而攀得此誉。这并非一种审美能力资格——无论人们对此有何想象。在申请者品评葡萄酒的标准中，只有两项与美学勉强相符：品质与风格。但正如我们在第一章和第三章讨论能力重要性时所窥见的那般，文化和实践能力（葡萄酒大师资格考试必考能力）对于审美关注的正确导向至关重要，因而也与审美能力息息相通。因此，大多数人愿意听取博学广闻之人的审美判断也尽情尽理，同时一位衔于品酒作家姓名之后的"葡萄酒大师"称号会被深谙此荣誉成就之人加以致意，这是再合理不过之事。

即便如此，许多赫赫有名的酒评家，以及那些具有市场影响力获得葡萄酒制造商青睐之人，并不是"葡萄酒大师"，其中包括罗伯特·帕克本人，以及其他知名葡萄酒专家，如斯蒂芬·坦泽（Stephen

Tanzer）和勃艮第葡萄酒专家兼"勃艮第葡萄酒网"（"Burhound"）创始人艾伦·米多斯（Allen Meadows）。帕克知名杂志《葡萄酒倡导者》的品酒师团队只有丽莎·佩罗蒂–布朗（Lisa Perrotti-Brown）这一位葡萄酒大师，这意味着团队其他专家安东尼·盖洛尼（Antonio Galloni）、杰伊·米勒（Jay Miller）和大卫·席尔德克内希特（David Schildknecht）的权威并非来源于葡萄酒大师资格。

如果我们应用休谟的评判标准于葡萄酒刊物评论家们，我们会意识到他们并非在评价葡萄酒之美的定义及可能性。他们并非出身美学理论领域[25]——这对他们并无裨益，他们也无权了解葡萄酒中"优雅""协调"和"深厚"是什么或应是什么。因此，虽然评论家们不会也无法以权威和专业眼光来评判葡萄酒的美学特征，但他们对特定葡萄酒的赞誉也暗指了某些特征的存在。当然，当存在不同评估标准时，赞誉也会由此产生。一款葡萄酒若被赞誉，或因其是同类酒中的翘楚，或因其与某种食物搭配相宜，或因其物超所值，又或因其是各种酿酒风格的典范等。以上皆不可谓是审美评价。然而，一个人在葡萄酒界资历越高，其他的评估标准就不太容易出现了。例如，专家对蜜西尼2005赞誉有加，不太可能仅仅因其是"一款经典黑皮诺葡萄酒"，而更有可能表明这是一款浓郁度高、口感新鲜、均衡协调和澄清度高的葡萄酒。

那些鼎鼎有名的品酒作家和评论家品评葡萄酒中既有及潜在美学特征，并以此营生。判断一款葡萄酒是否精致、协调——或者就此而言，判断是一款"优质"葡萄酒，这是审美判断。它们并无类别，也不仅基于葡萄酒相关的现实因素。因此，这款葡萄酒之所以优质并非因为它是1982年的拉菲，而且价格不菲，而是因为我在品鉴它的体验过程中有此判断。判断依据呈现在品评者意识中，因此当下无法被任何人探知。

专家与研究

鉴于第三章，葡萄酒相关研究不胜枚举，实际上有些研究可能互有关联。身处印刷媒体、网络媒介的葡萄酒专家在这些研究方面发挥特殊作用。首先，他们能够品酒笔记（tasting notes）中阐述葡萄酒，这可以说是一项典型的分析工作——发挥品酒者辨明和阐述感知整体中成分的能力。不过，读者可能并不在乎品酒者对葡萄酒的感知，他们只想获取购酒指南。因此，品酒笔记很可能包括经典美学术语，比如"精致""优美""优雅"和"深远"——因此绝不会是单纯的分析。品酒笔记主要用于让读者了解它是否值得购买，而非提供替代性品酒体验。常见的是，品酒笔记与商店里陈列的葡萄酒无甚关联，而是基于酒桶中发酵后的葡萄酒样品，即在装瓶出售之前。[26]消费者或许有理由怀疑，品酒者所试葡萄酒样品是否与最终装瓶的葡萄酒相同，或者它就是由上乘酒桶中的样酒构成。酿酒商是否只挑选了在品鉴时表现优异的样酒？这是因为一些高档葡萄酒是期酒（en primeur）——类比"期货"，酿酒厂在"孕育"葡萄酒的阶段，就出售了整箱葡萄酒的购买权。专家的品酒评价是消费者购买葡萄酒的关键所在，既关乎未来的品尝体验，也关乎未来的经济获益。

因此，评分囊括品酒师对葡萄酒潜力的判断，特别是新酿葡萄酒或年份较新的葡萄酒。经验运用[27]——

我们得承认——猜测评估工作在葡萄酒新酿阶段便已开始，假设除了直接关注新酿葡萄酒里各种有助于陈年的成分之外，还需要了解酿酒商对产品过往年份的记录。倘若品酒者知悉，酿酒商所酿制的葡萄酒在经久"酝酿"后，已然成为佳酿，那么嗅觉和触觉上的迟钝反而易被认为是好事。[28]大型品酒会通常只给品酒者半分钟品尝一款酒，而在之后的一段时间内，葡萄酒不仅表现良好，更会在玻璃杯和醒酒器中整晚散发香气。

我们不得不在此总结，美学领域之外的研究可能会曲解并使我们更难清晰阐述何为葡萄酒的真正评价。在某些情况下，专家们侧重提供购买指南，促进多样购买需求，而不是对他们所品尝杯中酒的审美价值进行"真正评价"。我们并不是说其他研究必然会扭曲审美判断——我们将在下一章看到，其他某些研究与美学相辅而行——但确实使这项探明审美评价真谛的哲学议题更为复杂。不过，我们可以明确一点，在预测早期桶装样品中葡萄酒未来�价值时，经验、对比和定向品尝其实是在强调专业评价所需能力的重要性。

专家与评价

评分

许多葡萄酒专家都自认为是葡萄酒的购买向导，评价采取百分制[29]。首创者之一是罗伯特·帕克——《葡萄酒倡导者》。尽管这一标准尚未广泛普及，但它在葡萄酒相关讨论中仍然有很强的媒介影响力——尤其是在互联网论坛上的葡萄酒爱好者中。人们很可能会和休·约翰逊一样，觉得给葡萄酒打分的荒谬程度不亚于给艺术品打分（"谁会想到给马奈和莫奈打分……"[30]），但对音乐录音和表演、电影、小说及其他虚构类艺术作品进行数字评级在报刊界和网络上屡见不鲜[31]。评分能够有效跨越语言鸿沟，且在日益全球化的当下，更不应弃如敝屣。我们并未提到，例如，逐字翻译西方读者能看懂的英文品酒笔记就能传递同一信息给中国读者。原因之一可能是隐喻所处的特定文化范围，另一原因是在中国人的嗅觉和味觉世界中，味道和气味可能也肯定有不同的参照标准。[32]此外，在《葡萄酒倡导者》等出版物中，有数千种品酒笔记可供参阅，[33]评分能令各国读者更易搜寻可能萌发兴致的笔记。[34]

我们之所以将评分与葡萄酒专家评价相提而论，仅仅是因为评分本身就可以将专家评价公之于世。"帕克打了九十六分"及相似言论已经取代了对葡萄酒的审美评价，严重扰乱了公众对于葡萄酒鉴赏的认知，问题不容小觑。虽然给葡萄酒打分有若干充分的现实原因，但百分制及其广泛使用也存在潜在隐患。任何数值尺度都带有对精确度的衡量，而一百分[35]的精确度比目前使用的任一度量标准都更高。或许有人将信将疑，是否可以用这样的精准度来评价葡萄酒，即使百分制已在书面评注的评价系统中有所帮助。[36]我们渐渐发觉，评分系统愈演愈烈，很少有利益相关者会在意对葡萄酒的描述，评分该如何转换为常用表达，甚至是评分的附带条件。葡萄酒在评分等级中的位置才算作要事，当下鲜有人对得分低于90分（优选级）的葡萄酒正眼相视，这推波

助澜了一系列评分的集中趋势。反过来也与"葡萄酒势利眼"息息相关，那么所谓评分崇拜，为什么这种现象如此流行？毫无疑问，数字有某物价值和力量，并在其客

观属性范围之外过度珍视，这本身并不令人反感。对葡萄酒的评分崇拜，关键在于被赋予价值和力量的，是分数，而并非葡萄酒。分数本身冠以意义和价值，代表了葡萄酒的**品质**——不管分数如何。值得警惕的是，这种评分崇拜会蒙蔽人们以致无法专心鉴赏葡萄酒。消费者可能甚至没有阅读葡萄酒的附带说明，没有意识到耐心投入、努力挑选或鉴赏能力的必要性。换言之，评分和单买高分葡萄酒，使真正参与其中的消费者被这些评价误导裹挟。我们在引言中讨论过势利眼；缺乏能力的势利眼是其中一种表现。我们秉持这样一种观点：势利眼和由社会权力操纵的其他情况虽是品酒之憾事，但并不一定阻绝了审美判断的可能性。尽管如此，假如在葡萄酒界中，任何一种做法助长了势利眼而无益于葡萄酒鉴赏，那么这种做法绝非善策，反倒弄巧成拙。

　　给葡萄酒评分还有其他偏系统层面的缺陷。使用存在完美值的标准（如100分为满分），其逻辑结论就是，完美必须达到无懈可击的程度。百分制极有可能引起这个暗示。例如，五星级别中的五星，与100分满分相比，前者暗示的葡萄酒品质范围要比后者宽泛。没有

人认为所有的五星评级都代表"极致"。郑重其事地
说，评论家并不能在混合葡萄酒，比如拉图葡萄酒1982
发售时就给它打满分，过10年后也打满分，并宣称它口
味提升了——或者一年给100分，下一年再给100分并附
上"胜于去年"的评价。评分机制似乎有一种内在的膨
胀倾向，除非存在些许单独标准，若合于该标准，便酿
制出品质无出其右的葡萄酒。我们心知肚明，这些标准
难以制定，或许存在更优质葡萄酒的逻辑结论是先给所
有的葡萄酒零分，因为总会出现更优质的葡萄酒，肯定
比之前的满分葡萄酒评级更高，以此无限类推。

从不评出满分葡萄酒或暗示满分并不意味着完美无
瑕，均非善策。如果100分不再代表完美，标准即可改变，
99分便可称为完美。而这会将分值一直缩减到零。[37]同理
可得，品质更次的葡萄酒可能会从另一端开始缩短分
值，使所有葡萄酒的得分都恰好处于中间值——也就是
50分（在《葡萄酒倡导者》中没有该分值，因为分值都
在50分以上）。然而，评分指南中有一项"质量附加分"，
有10分的潜力附加分："最后，随着时间的推移，整
体品质或潜质得到提升改善，最高可得110分。"

是说，可能随着葡萄酒陈年，它在复杂性、协调性和其他优越品质方面有所提升，更为优质，但仍获得相同评分——因为它的潜质也随此下降。酒经年愈胜，其潜质愈劣！大多消费者是否关注到这一点犹未可知。潜力附加分也意味着潜质和实际呈现同等重要，这可能令很多人难以接受。

我们对百分制的讨论似乎过于严肃。显然，百分制和其他评分制应该用于提供相对优势的大致信息和参考指南，而不是代替鉴赏。评分可以揭示一个品酒师如何判断各种葡萄酒的相对品质，但一套带有阈值的精确评分系统应对我们极尽诚实。正如帕克本人所言："我深感九十六分、九十七分、九十八分、九十九分和一百分的葡萄酒之间的唯一区别就是评分者当下的心绪。当我回顾所有我既已品尝的葡萄酒时——可能已经有三十万种了——只有不到十分之一的葡萄酒得到过满分。寥寥可数。仅仅只有一百二十种左右。"[39]《葡萄酒倡导者》实体杂志的头版便警告敦促读者阅读品酒笔记，不要完全依赖评分，[40]然而许多人似乎对此视若无睹，采纳这种评分制度，却未言明不足之处。

校准

葡萄酒测评终究归于审美层面，并不合乎精确数值。需要关注的是，葡萄酒爱好者在能力发展过程中，似乎存在一个阶段——他们宣称对葡萄酒专家的评判不敢苟同，如罗伯特·帕克和杰西斯·罗宾逊。不过，在该阶段，并不是所有葡萄酒爱好者都偏离了对葡萄酒及品质的普遍共识，不依据个人标准对葡萄酒和口味各抒己见。这种赋权感，因个人能力而生的充分安全感，最有可能关乎个别葡萄酒品种、年份或其他同级因素。同时在这一阶段，爱好者们可能开始意识到批评家们的盲点或问题；例如，他们对特定风格、区域或酿酒商的个人偏好。虽然休谟笔下的理想评论家们并不会被偏见裹挟，但现实当中大多数葡萄酒专家在这方面表现得并不理想——如果其他美学领域当中的评论家或专家并无此困扰，实在匪夷所思。

在将自己对特定葡萄酒的鉴赏与个别评论家的鉴赏相较后，葡萄酒爱好者或许能更好地运用评论家们的分和品鉴笔记（基于专业能力所做言论），而这个过程的关键在于觉察并考虑到各种偏见。例如，许多人[41]认为，罗伯特·帕克在《葡萄酒倡导者》上发表值得信赖的葡萄酒评价，而他对于浓郁的"大"果香葡萄酒的偏好，影响了葡萄酒界中的大多数人。因此，要了解品酒笔记和评分，必须在葡萄酒、个人和专家建议之间进行某种三角测量——一种校准。我们已讨论过，专家所给分数轻而易举便有呼风唤雨之力。2011年2月，当《葡萄酒倡导者》重新分配旗下成员在葡萄酒各生产区域的职责，引发了一场旷日持久的线上论坛热议。[42]存在一种担忧：我们将不得不调整自己的品位，以适应一位负责该地域范围的新评论家。另一种担忧是，人们担心某一特定产区的葡萄酒所得分数会不同于以往，从而影响到该地区的声誉——与已经"知情"的葡萄酒爱好者相比，遭受牵连的酿酒商或许更为担忧。当然要是前者购买几箱葡萄酒以做投资的话，那就另当别论了。

这种担忧主要是针对那些初入市场甚至并未装瓶的葡萄酒，而不是对驰名葡萄酒的评判，诸如勃艮第特级葡萄酒之类。休谟的理想评论家脱离时尚潮流和个人喜好的桎梏，他们给出的专家评价与过往经验及权衡优劣的能力有关。[43]我们既已讨论葡萄酒的专家评价如何在葡萄酒界中起到效用，但仍有问题需要解答：专家们究竟给我们带来了什么？换句话说，我们为什么要对专家评价亦步亦趋，或是遵从他们心中的典范呢？

理想和非理想专家，和你自己

我们暂且假设葡萄酒专家在各方面都跟休谟的理想评论家一样，无论他们是否给葡萄酒打分。以及，假设专家们在生理层面并不超常，而且绝大多数人在总体上至少可以获得与专家一致的体验——只要他们愿意提升个人能力。然而，专家们在各专业领域有着敏锐判断力、细腻情感和丰富经验，而大多数人不具备这些特质（因为他们还不是专家）。那么，当普通人并未达到理想状态时，他们为何要对理想评论家的建议或判断亦步推荐之物呢？

人们会合理认为，参考与你有相同特质的人的建议和判断会更加明智——比如形成性的审美经验，对风格与时代的偏好，或者年龄、性别和国籍等方面。在葡萄酒方面，如果你遇见一位或多或少与你品位相同的评论家，就没必要关心他或她是否符合休谟的标准。根据杰罗尔德·莱文森所言，这才是品位的**真正问题**[44]。诚然，休谟的品位标准是解决美之争论的准则，并非"我应该努力享受什么的指南"[45]。然而，那些认可休谟方法的人，如莱文森，担心的是：对于我们这些不是理想评论家的人来说，没有理由拥护品位的标准。"若要捍卫休谟解决品位问题的方法，捍卫者的主要责任是以一种非循环的、非诉诸问题的论证方式来说明，为何一个不是理想评论家的人应该尽可能地理性追求，将他或她赞同并享受的美学对象组合替换成他人支持和喜欢的组合。"[46]

莱文森提出了理想评论家的对立面："非理想评论家"是内向的、滑稽的、肥胖的及笨拙的。[47]因此，休谟主义者所面临的挑战是，证明为何理想评论家而不是

"非理想评论家"具有规范权力。也许，我们既不具备理想评论家的全部特征，也不具备"非理想评论家"的全部特征。休谟将优越审美经验与理想评论家的特质相连——而不是"非理想评论家"。莱文森对原因进行发问。在前两章中，我们已经解释了能力与审美经验相互关联的原因。审美经验以一种特殊方式从其他经验中涌现出来，并基于各种能力。专家评价在这些方面关联着更具可信度和传播度的审美判断。这意味着，缺失这些能力之人所做判断很可能称不上审美判断；相反，理想评论家的确善于做出审美判断。但这并不能解释我们其他人为何需要顾及他们的判断。鉴于品鉴和专家评价，研究莱文森本人解决品位"真正问题"的方案具有启发性——尤其是因为它会引导我们更认真审视葡萄酒界准则的规范地位。

准则与理想评论家：一种特殊关系

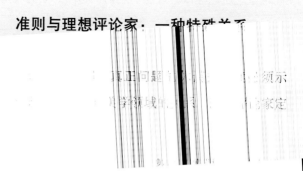

有过人之处，其欣赏对象也有独到之处。必须以一种非循环和非乞辞的方式阐释理由，说明为何非理想评论家舍弃既有偏好，转而关注理想评论家认可之物这种情况是合理的。因此，挑战在于，对有关"事物"说些更实际的评价：评论家有何过人之处，他们所欣赏的对象或作品有何特别之处。换言之，为何理想评论家是"出色艺术作品的可靠指南，从这个意义上说，他们提供更好的，最后也更为可取的审美经验"[48]。他说，这只能是因为理想评论家们与杰作之间存在特殊关系，可以通过时间的试炼来发掘。莱文森此处引用了玛丽·马瑟西尔（Mary Mothersill）的论点[49]，认为休谟的文论里有弦外之音。这一言外之意相悖于文章里写明的原则，即存在各种创作准则和优秀规范[50]，尽管难以分辨，但理想评论家仍然能够发挥他们身上彰显的特质来获取它们。评论家之所以冠以"理想"之衔，是因为他们就是依据这些品位标准来评判。

然而，马瑟西尔所察觉到的弦外之音表明，在品位领域没有普适的规则和原则。虽然如此，这似乎违背了这篇文章的基本宗旨：口味品鉴是单一且主观的。任何特定艺术形式的作品经受住时间考验后便构成了品位标准，理想评论家是那些适应经典且适合为我们鉴定和解释经典的人。[51]莱文森提到，马瑟希尔的叙述中缺失了一部分：艺术价值毋庸置疑的经典和理想评论家在引导审美鉴赏和解决审美争议方面之间的可信联系，而这正是他试图通过提供"真正的问题"的解决方案所欲解决之事。

依我看来，只有某种艺术价值即能力理论形式，与经受住时间考验的经典杰作适当结合，反过来用于辨别理想评论家们，这样评论家们作为该类价值的衡量标准，才足以解决休谟文章中有效提出的艺术客观性问题。[52]

那么该如何进行这种结合呢？莱文森认为，杰作，即经典，不能凭借创作准则或其他优秀规范来鉴定间唯一可靠的关联就是理想评论家。因为作品本身通常具有创新性和原创性，即使在特定媒介中也无法提供艺术价值的标准。然而，作品可以用以鉴定真正的理想评论家——他们能够充分欣赏任何特定媒介的杰作，因为他们最有可能将任何其他媒介作品与杰作进行比较。这些作品，即经典杰作，是最为出色的，历经岁月更迭并跨越文化障碍，继而独立存于世上。此外，它们对人群有广泛的吸引力，因为人们能从各种层面加以欣赏。[53]

莱文森在此提出的关键联系是杰作，即经典，与理想评论家的专业评价之间的联系。假设是，理想评论家的品位和鉴赏能力——"非理想评论家"除外——在杰作的影响下逐步塑形与提高。因此，他们更能够在那些不是或还没有被认为是杰作的作品中察觉到是否存在或缺乏美学价值。因此，杰作并非基准——通过对艺术创作模式的规范权力以衡量艺术价值，而是影响理想评论家评价及磨炼鉴赏能力的途径。只有经受住时间的考验，杰作才能被人们所认可。任何特定的时代或文化领域都可能有各自的难题、盲点、潮流和其他阻隔欣赏真正艺术价值的壁垒。然而，与瞬息万变的潮流、情绪和其他文化或时间的荒谬对峙，这些作品代代相传，经久不衰。在休谟的文章中，阐明了鉴定理想评论家的标准，该标准受莱文森推崇，但其本身并不是听从理想评论家所做判断的理由。"提供审美经验的能力"[54]是关键所在，假设杰作比普通作品在提供审美经验方面更具优势。也就是说，审美体验是有价值的——因此我们完全有理由去追求那些能让我们获取审美经验的事物。理想评论家可以引导我们实现这一价值。正因如此，这才是评论家对我们其他人的价值所在。

但又如何得知，我们付出的时间和努力能够从审美体验中得到回报呢？在某种程度上，理想评论家其实并非理想的评论家，因此，他们比任何人都更有资格评判，我们在培养能力方面所投入的时间和精力是否能够获得审美体验的更高价值回报。[55]由此可知，他们还能够对比自己审美能力提高前后所获得的审美体验，而结果总是偏向于审美提升后的自我。美学经验价值是评论家们正面对待。

莱文森的发问

莱文森问道，是否还有人更能胜任审美判断的工作，他明确指出"不可能"。尽管莱文森宣称专家们是最优秀的评论家，这或许成立，但我们应关注到这种主观判断的系统性偏差。心理学相关研究表明，人们的自我评价常常言过其实，[56]我们不愿承认所做努力终付诸东流，[57]理想评论家一旦妥协，会导致其社会地位土崩瓦解，甚至引发相关人士的生存问题。因而，我们不愿相信理想评论家对于他们过去及现在审美自我的主观评价。我们更不愿允许这种主观评价激励任何门外汉从一套既定认知转换为另一套经验上未知的认知。理想评论家通过自我评鉴构建理想主义，这并非解决"真正问题"的万全之策。或许，存于现世的杰作能够给予答案吗？

在运用准则以解决真正问题时，莱文森提出若干基本前提，而其本身就有问题。其中之一是，在某种程度上所有人都可以享受杰作——广度方面。[58]"享受"一词模棱两可。除非作品的享受价值和作品地位——它的公认价值——的关联具有非偶发性，否则广度方面无法证实莱文森所假设的大众和杰作之间的联系。虽然像约瑟夫·康拉德的《黑暗之心》（*Heart of Darkness*）这种伟大文学作品因其基本故事情节而受到喜爱是毫无争议的。书中故事情节——在无名刚果河上残酷而神秘的异国之旅——并非夯实其权威地位的原因，而是需要审美能力来鉴赏的美学内容。其他许多地位不高的作品也有大众读者嚼之有味的故事。艺术经典本身就是一种制度。一个九岁孩童也知道巴赫和披头士是作曲界的高世之才，即使他或她从未主动欣赏过这些音乐。无论老少，人们都不需要依靠专家本身明白此事。可以说，这是一个文化事实。同样，列奥纳多·达·芬奇的《蒙娜丽莎》或《拉乔康达》的艺术地位也是如此。它们举世皆知，而且驻足画前，便可见它们装裱精美。话虽如此，除非我们这些艺术领域门外汉的体验与理想评论家的评判紧密相连，否则那些权威经典具有的广泛吸引力以权威之名而成为权威人士。但这种"权威人士"的出现，并非由于理想评论家鉴定了他们的艺术和美学特质。假若情况属实，或在大多数情形下成立，那么它对理想评论家的特质和规范权力有何影响呢？

首先，这种情况或许表明，我们有一个舒适圈。在这个小圈里，杰作并不能作为评判理想评论家审美能力的独立基准。是谁创造了经典呢？既不是普通人，也不是"非理想评论家"。能做到这点的，只有假定的理想评论家——他们的鉴赏能力基于经年累月的充分训练。若无广度的支撑，理想评论家和经典杰作就会彼此界定。如此这般，莱文森就不能说经典杰作能被单独用来界定一众评论家——他们的观点应奉为圭臬。他不再以非循环与非诉诸问题的方式进行论证了。

正典与葡萄酒

诚然，前文所述皆围绕艺术进行讨论分析，而在艺术领域中，原创性的重要性远远高于葡萄酒。休谟所举例子主要涉及文学，马瑟希尔和莱文森都在艺术领域和艺术创作范围内论述。那么，作为一种审美对象，葡萄酒是否会收到完全不同于艺术品的评价呢？格洛丽亚·奥里吉认为，葡萄酒专家及评分系统与其他认知系统相似度很高。她进而主张，遵从间接标准是必不可少的认识策略。[59]为了获取信息，我们需要评估各位专家的声誉，而评论家的地位和非审美方面的资历——以及他或她与经典杰作的联系——影响着他或她的可信度。[60]

我们的立足点是，葡萄酒也是一种可供评价的审美对象，而不仅诸如他类的认知系统。奥里吉的观点从经验上来说或许正确，人们确实利用标准来衡量评论家或专家的可信度。虽然如此，"真正的问题"并不是认知问题——它高于人们对于辨别专家的认知追求，若这样做正说明了人们缺乏具有美学意义的审美对象。虽然，诸如杰作之类的审美对象带来了文化价值，这也是社会事实。先于任何个体经验，可能存在一个动机，试图加入一个能够理解巴赫或披头士为什么是名家的群体，我们意识到，一群文化专家声称葡萄酒或许能够提供审美体验，那么我们就已然知晓其中意味。这种动机可能有两个构成因素。其中之一，即社会或群体认同：我不想置身于如此重要的文化群体之外——如果事实如此。而另一个与美学有关：我从其他也许尚不成熟的经验中认识到喜欢和欣赏之间的区别，因此我知道后者的独特审美体验可能在其他审美媒介中产生。也就是说，我借用了我对其他领域可能存在的美学价值的感觉。我感觉到，我对X有某些特别感触；而我所处的文化认为，Y也能带来类似的独特体验。这或许激励着我着手一试。

虽然存在评分制，但没人能断言这款葡萄酒具有$P_1 \sim Pn$的特性，因此，它就是同类酒中最好的一款酒。如同艺术杰作，一款葡萄酒——即使是同种类型（如勃艮第特级红葡萄酒）——也可以在多个方面出彩。除了通过审美鉴赏和评价，或是休谟所用的术语"品鉴"，暂无其他方法能了解葡萄酒的各种特性。因此，就葡萄酒和专家评价而言，我们在品鉴时遇到的问题与艺术品鉴所遇情形大致相同，而我们也需要对关乎品鉴的"真正问题"进行讨论。

　　莱文森的解决方案的关键在于"经典杰作"，它被认为是经受时间考验后相当稳固的实体。如上所述，即使在艺术领域，这个概念存在漏洞，悬而未决。然而，在葡萄酒中，它或许存在更多的漏洞，正如我们在第二章中所述——葡萄酒是模糊客体和移动目标：每一个酿酒年份都会产出一批新葡萄酒，即使装在相同的酒瓶中，每一瓶葡萄酒都可能迥然不同。其"成长"过程无法预测，并在"葡萄酒适饮期"内各自展现不同特性，最终进入"衰落期"，迎接"死亡"——尽管对于某些葡萄酒来说，时间长度约为一个世纪。《蒙娜丽莎》在诞生几个世纪后仍在卢浮宫供人欣赏，而塞缪尔·佩皮斯（Samuel Pepys）在他的日记[61]中着墨赞美的奥比昂酒庄（Château Haut Brion）早已不复存在——包括奥比昂酒庄中的各款葡萄酒，它们使酒庄成为1855年波尔多列级名庄。那么，大师经典杰作系列的稳定性和独立性又体现在何处呢？

　　关键在于，你须在不同事物中用自己的方式寻找等价性，这显然是荒谬的。[62]《失乐园》和奥吉尔比写的一首诗的价值都无可争议，但并不能使不平等的美学价值也无可争议——正如前文所述，用"天才和优雅之源"举例。杰出葡萄酒的标准必须效仿休谟所定规范：葡萄酒界将伟大之源作为美学成就顶峰的参照点。我们需要研究葡萄酒标准形成的特定方式。

如同绘画、音乐、文学等都有经典之作（或多或少存在争议），葡萄酒也有经典[63]。艺术领域里的经典便是大师名作，而不是休谟所说的伟大之源，在葡萄酒界，当我们想让某种杰出葡萄酒备受关注时，我们也可以通过酒名、年份和（切合时宜的话）酿酒商来介绍葡萄酒——比如，我们在第二章中举例说明了2015年和2030年的葡萄酒年份。数千年来，葡萄酒的品质等级一直广受认可，而伟大的定义往往是对原产地的实指定义，而不是对必要或充分标准的规范。莱文森在文章中运用了大师作品，是否能如他所愿找到理想的葡萄酒评论家呢？也就是说，这些经典之作能否做到以下几点呢——成为衡量优秀评论家的审美可信度的独立指标，让他们能指明葡萄酒的某种"品味标准"，增强专家们所做专业评价的公正可信度，并说明为何人们应该听从他们的建议。

老普林尼（Pliny the Elder）在所著《自然史》（*Natural History*）第14卷中，[64]根据葡萄酒品质对意大利葡萄酒进行排名。人们认为排名与其所处时代的社会共识相一致。1644年，德国弗兰肯地区的乌兹堡市议会根据所产葡萄酒的品质将该市的葡萄园分为四片区域，[65]匈牙利也进行了排名。而随着时间的推移，1855年梅多克及格拉夫产区[66]酒庄分级，推动建立了葡萄酒品质评级制度。上述制度均已编入法典，而艺术领域的经典从无此例。艺术领域的经典大多是模糊概念，关于哪些作品、作曲家、画家等体现了与众不同的审美品质，但在葡萄酒界，从1855年开始便已出现一些基于地点或产区的明确经典。这种明确性意味着，对于法国葡萄酒是否属于经典葡萄酒，几乎不会含糊不定或有所争议；虽然关于现存经典本身价值的争论一直澎湃激烈。

1855年建立的分级制度，不过是由经纪人（中间商，经）根据左岸顶级庄园葡萄酒的价格制定的。[67]生产者，也就是酒庄，被分门别类。在当时，这意味着他们所在地区也被分门别类，由此而起，经过1855年后，这些庄园里的葡萄园已经扩大到其他地区。难以断定这些产区的命运是否因此才波澜起伏。即使在当时，波尔多葡萄酒在世界市场也独占鳌头，而这一分级制度诞生于拿破仑三世举办的巴黎世界博览会。若从同一酒庄价格进行判断，如今波尔多葡萄酒一直稳居前列。酒庄排名产生些微的变动，例如1973年将木桐酒庄晋升为顶级酒庄，但考虑到酿酒技术的进步和专业知识的提升，2011年Liv-ex分级[68]与1855年分级制度的标准别无二致，展现出惊人的一致性。这或许也是分级制度的自我延续性：如果酒庄评级高，那么就会获得更多营收，而这些收入又能够用于促进葡萄园和酒窖的产量增长与品质提升。因此，酒庄的地位才得以稳固；是一种获利、销售和投资的良性循环。

不过，波尔多左岸葡萄酒的排名情况有些不同。因为大多数分级，自始至终都基于"优越的产地"——有点类似休谟援引作者本人，而并非他们的作品——而不像波尔多葡萄酒基于市场价格进行分级。最为著名且争先效仿的葡萄园分级制度出自法国的勃艮第。在首次出现波尔多分级制度时，同年，葡萄酒专家拉瓦勒

（Lavalle）给出从桑特奈（Santenay）到第戎（Dijon）每个葡萄园的详细地图，并将这些葡萄园划分为四个等级。[69]拉瓦勒以价格为基准进行分级，所以等级间的差距变得不甚明显，但他的分级体系和大多数其他分级制度一样，都有一个恒定的设想，即葡萄树的生长地赋予了葡萄酒各类特质——有些产地拥有独特且显著的口味特征。有趣的是，本杰明·卢因（Benjamin Lewin）发现，勃艮第分级制度基于众多酿酒商所在的产地，而并非葡萄酒的各种特性，因此，评估水平比1855年波尔多分级制度更为稳定。[70]

经过命名及分类的产区应该能细归为某一个品质等级，但需要关注，不同产区本身就有各自的特性，它藏身于产出的葡萄酒当中，也能够被感知到。我们将在下一章中探究产地风土，但在此处需要提及的是，各个特级产区都有着自己的品位风格，这毋庸置疑。与艺术评级相同，所有葡萄酒分级制度存在着这种情况，地位品。首批AOC葡萄酒产区于1936年确立。如"瘟疫"般的葡萄根瘤蚜（phylloxera vastatrix）给整个欧洲葡萄酒产业造成巨大损失，因而必须采取相关措施。非常时期就得采取非常手段。葡萄酒的总体质量下降，就会产生消费者的信任危机。之后几年里，其他几个欧洲国家纷纷效仿法国，制定了相关措施，如意大利的DOC和DOCG等级制度。然而，只有赋予等级及特级鉴定，这些分级制度才能使我们辨明杰出的葡萄酒。而且，只有在法国——并且限于勃艮第等部分地区——才会有特级产区，法语里称作a Grand Cru。那么我们只能通过另外的方式来评判其他区域是否为特级产区。或许会和既已健全的欧洲葡萄酒产区分级相一致，当然也可能有所区别，但在更新的、更为平等的葡萄酒产区里，如加利福尼亚、新西兰和澳大利亚，这些分级制度并未，或还未正式建立。但这并不意味着非正式的分级制度不存在，因为它们的的确确存在着。当然，葡萄酒价格可能受到潮流和供求规律的影响，但它们至少可以作为衡量审美成就的广义标准，如澳大利亚的奔富葛兰许酒（Penfolds Grange）和加州的啸鹰酒（Screaming

Eagle），都是各自原产地最受推崇的葡萄酒。[71]

自中世纪以来，勃艮第特级产区得到了诸多方面的认可，波尔多左岸排名最高的酒庄，似乎位于砾石山脊顶部。这些和其他客观度量都表明，的确存在标准，以鉴别哪些地区可以生产出最优质的葡萄酒。然而，这并不是绝对的。就像在其他美学学科中一样，除了审美辨别力（或"品位"）之外，不存在任何终极判断，这就是为何"品位的议题"仍然存在于葡萄酒及其他美学学科中。

杰出葡萄酒与理想葡萄酒评论家

鉴于我们对品位问题的讨论，葡萄酒分级涉及一个重要问题，即它能否帮助我们鉴定理想评论家。莱文森认为，经典可以自成一个标准——它无法解决品位的问题，但能鉴定理想评论家。

无论所讨论的审美对象是弥尔顿的《失乐园》、贝多芬的《第九交响曲》、毕加索的《亚维农少女》(*Les Demoiselles d'Avignon*)还是罗曼尼康帝酒庄"罗曼尼"1999(Domaine Romanée-Conti "La Romanée" 1999),评论家都有责任进行合理的批判。经典杰作鉴定着品酒师,就像品酒师鉴定经典杰作一样——至少在某种意义上,一位准葡萄酒专家不仅需要分析描述葡萄酒,而且还须提供恰当的审美判断,并能够阐明理由。正如第二章所述,鉴于葡萄酒在生产过程中固有的可变性,杰出葡萄酒有可能也会变成次等酒,[72]但在时间的推进过程中,合格评论家所做僵化判断却一成不变,这对评论家个体提出了挑战——他或她必须应对这种挑战。我们在第四章中指出,除了文化和实践能力外,还必须培养审美能力,而这与获得不同程度成功的葡萄酒阅历有关。这意味着莱文森要求大师作品(经典)和理想评论家之间保持一种密切关系。这是我们总体审美能力中不可或缺的一部分。然而,它对品位问题的影响可能并没有那么简单。

我们之前提到,莱文森对艺术经典和理想评论家之间关系的问题，也与葡萄酒鉴赏有关。首先，无法满足广度要求。如莱文森所言，理想评论家和非理想评论家之间存在一个关键联系，即这两类人都欣赏这些经典。然而，如果两类人给出的欣赏理由不同，就不再需要接受专家的品味了。在葡萄酒方面，我们可能也会遇到相同情况。[73]杰出葡萄酒受到大众喜爱，可能是因为其酒精含量，可能是因为它彰显了所有者或饮酒者的地位，也有可能是出于与美学价值不明确相关的诸多其他因素。如果是这样的话，专家们就是那些赋予杰出葡萄酒美学地位价值的人，而杰出葡萄酒因此不能作为一个独立标准，来鉴别专家是否为理想品鉴者。理想评论家这个群体或许具有永续性。他们只是碰巧有相同偏好。但仅凭他们所评判的某一优质葡萄酒（或葡萄园、风格等等），并不能解释，拥有不同偏好的人为何必须借鉴这些评论家来确定一个品味标准。

自我关涉？）的群体的僵化判断，而这个群体毫无凭据便认为自己是精英，我们就不能用杰出葡萄酒来鉴别理想评论家。我们可以再次根据莱文森的观点，相信那些能力已有提升的人的陈述，他们还声称自己的审美品位已经从之前的较低水平提升至审美享受的更高境界。我们必须思考陈述的可信度，以及一个人能在多大程度上记住以前的品味标准及其认可的对象，从而将其相互对照，进行比较。如果我与你不尽相同，倘若我说我现在对欣赏之物的审美享受比之前要好得多，这可能还不够。按照过往经验，它似乎对一些人有效，但绝大多数人都会对有望"提升"的审美鉴赏力趋之若鹜。如果莱文森的方法——从雅各布溪葡萄酒（Jacob's Creek）[74]这个经典至法国农场园（Cascina Francia）[75]，如果可以这么说的话——行不通，那么从一个组合到另一个组合还有其他更可靠的方法吗？

莱文森的分析无法令人信服，但我们完全认同其内含的观点：如果一个评论家要成为专家，不能看评论家**拥有之物**，而要看评论家**所做之事**。评论家所"做"的是引导他人不断与事物发生美学邂逅。在第三章中，我

们证明了各种能力是充分感知葡萄酒的必要辅助。我们
认为，我们的论述加强了休谟关于味觉灵敏、经验、比
较和强烈感觉的标准的**初步**可信度。同样地，在第四章
中，我们提出了审美能力是鉴赏的重要组成部分。我们
关注的是美学鉴赏的条件。然而，我们也一直声称，只
有当能力从属于沟通并有助于沟通时，它们才有价值。
我们强调了这些条件的主体间性（它们归属于文化），
以及经验本身的主体间性（它们具有可传播性）。其
中部分——并非全部——能力的获得与高等级的葡萄酒
（也就是经典）有关。然而，同样重要的是，对葡萄酒
的经验和分析——无论是否出人意料——经证明是平庸
的，或者根本达不到标准。辨别和欣赏需要对比和比
较，所以我们可以通过所谓的"混合审美同伴"来构
建能力——而不只是和最上乘的葡萄酒共处。而其他葡
萄酒可能在美学意义上残缺不全或贫瘠枯竭，但在其他
方面完全值得尊敬：比如说，它们可能会令人感到非常

个领域——比如说，前卫摇滚或现代主义文学——具有一定的审美能力。从这些经验中，我们既熟悉了审美经验的本质，又熟悉了审美经验与其他经验（如单纯的喜爱）的区别。专家们所"做"之事并不完全脱离我们的经验；无论我们自身能力如何，我们都与专家共有一些经验。[76]总之，专家并非在各方面都是理想评论家，他们与我们其他人也有相同之处。因此，莱文森提出问题的方式具有误导性。

那么，我们所说的"真正的问题"聚焦于信任这个概念上。这是关键因素——无须其他任何因素的支持，却等同于向信仰迈进一大步。为何我们要相信专家或评论家说品酒能带来更具意义的审美体验？为何我们要相信这位评论家而否定另一位呢？关于第一个问题，我们已经从哲学角度回答了——也就是说，我们认为葡萄酒体验是一项合理的审美实践。不过，我们还没有从**经验角度**回答这个问题——也就是说，公众为何会想搜寻佳酿。我们大多数人在身体不适和内心忧虑时去看执业医师，因为我们相信他们最有可能检查出症结所在，并给出正确的治疗建议。医学是一种既定的知识体系。如今

人们有充分理由相信，医生在医学方面的相应能力，[77]
但这并非信任理想葡萄酒评论家的专业评价的关键所
在。普通消费者很清楚，专家比自己更了解葡萄酒，但
这并不意味着葡萄酒体验与美学相关。

如若幸运，你或许会喝到"通往大马士革之路"
（road-to-Damascus）的葡萄酒，就像杰西斯·罗宾逊
在1970年喝到的那样。许多人都在走上这条路，这或
许起到桥梁作用，让幸运的饮酒者体验到葡萄酒内在的
潜质。虽然这可能会为一系列全新体验拓宽思路，但它
本身并不构成信任任何葡萄酒专家的理由，除非有专
家推荐了某款葡萄酒。根据趣闻轶事和自传体的佐证，
顿悟葡萄酒是常有之事。或许并未如罗宾逊书中所叙述
的那么震撼，但这种体验或将激发兴趣。然而，有一
些人误以为优质的葡萄酒却达不到应有水准——比如，
人们并不喜欢得到专家认可的巴巴莱斯科葡萄酒[78]。发
生了何事呢？他们可能会像大多数人一样，由于自己的

力——不仅要推荐，还要指导新手的洞察力，让新手逐渐成长，在这些方面成为专家。这个观点值得鼓励，并付诸努力。我们认为，这种号召力关键不在于同大师作品的"特殊关系"，而在于引导新手获得更有价值体验的感知能力。信任是解决"真正问题"的关键。顿悟可能是一个开始，那么倘若我们所宣称的审美能力是合理的，判断的规范性取决于在引导感知的情况下获得的能力。建立葡萄酒鉴赏信任的方法是，有能力引导新手去体验他们以往无法获得的体验。因此，专家不仅要有必备能力，而且交际能力显然也应远超常人。[80]

当然，信任也是一种社会现象，是衡量社会凝聚力与和谐性的标准，如果专家们已然指引他人获得了专家们自认为的优质体验，这就会产生一种更有说服力的信任。不过，我们没有理由相信其他人，就像我们没有理由相信真正的专家一样。我们秉持这样一个观点：每个人自身的经历是独一无二的，是对审美对象产生信任感的基础。此外，当新手已然成长，并且已经具备一定葡萄酒鉴赏能力时，他们自然会相信能令人有所提升的评论家。这些专家将持续影响着人们，但多以对话的方式——我们称之为"校准"。

标志性或反传统评论家

然而，我们期冀葡萄酒专家并信任他们，有以下两个原因。首先，是确认享乐次序和审美体验次序之间的区别——任何葡萄酒都是佳酿，这意味着它们都可能是积极审美体验的对象。此处，我们并非信任一个专家，而是一组专家，甚至是专家评价的整体氛围。正是基于这种信任，才产生了葡萄酒可以成为一种审美对象的想法。这决定了信任的另一方面，即判别哪些葡萄酒才算是佳酿。我们说过，要相信或接受葡萄酒存在审美维度，经验因素必不可少，但即使该因素确立，仍有其他因素可以促使信任葡萄酒评论家的群体数量增加。其中之一就是做一名成功的反传统者。

1976年5月，史蒂芬·史普瑞尔（Steven Sp……

酒专家进行盲品对比。结果是，加州的葡萄酒均在比赛中胜出，而同样的葡萄酒[82]在30年后再次参赛依然胜出，但比赛结果从此便议论风生。然而，史普瑞尔并非我们所举例的反传统者，虽然1976年的盲品比赛开拓了先河。而罗伯特·帕克对波尔多1982年份葡萄酒的评判改变了这一局面。他认为它出类拔萃，而其他知名评论家则认为它酸度欠缺，不够成熟。帕克之所以能够威望素著，离不开他的评判颠覆了公众认知。他制定的百分制，以及基于此对每一款葡萄酒的评判，撼动了杰出葡萄酒的规范权力，推动建立以个人品鉴能力为核心的全新衡量标准。[83]帕克并未颠覆葡萄酒界——他确实对最为钟爱的欧洲波尔多地区和南罗纳河谷的高分葡萄酒赞赏有加——而莱文森对于经典之作的论述作为真正评论家的独立衡量标准，并不完全符合帕克影响力日益提升的现实情况。

正如前文所述，帕克的《葡萄酒倡导者》已经从一人单干转为一整个倡导者团队，它的评论家队伍现已有七人，[84]因此，对帕克品位及杂志、网站影响力的诸多批评现已过于腐旧。然而，在20世纪80年代，他的影响力提升，使他成为休谟"理想评论家"的化身。然而，有人批评他的评判远非追求精英主义，而是倾向于葡萄酒的风格品鉴——当然是更为实惠的葡萄酒——更适合新手品鉴。帕克把自己塑造成消费者的代言人，不让人觉得他欣赏的是那些普通葡萄酒爱好者无法理解的葡萄酒。在20世纪末期，发达国家（美国为首）的葡萄酒销售量急剧增长，越来越多的人需要如何选购葡萄酒的公正建议。

这让我们意识到至关重要的一点，即当今葡萄酒界中葡萄酒鉴赏如何与公共专家相互影响。关键在于校准——通过比较个人经验和评论家的评判，慢慢积累知识。当帕克宣布不再评论加州葡萄酒时，许多《葡萄酒倡导者》订阅者都在担忧，他们的口味是否能够适应这个特定地区（加州）的新人（盖洛尼）。我们认为，这是信任这一决定因素如何在认可葡萄酒专业评价中发挥作用的关键一环。通过一个人对一套葡萄酒的体验何一位公共专家。[85]信任一位专家或一个团体的关键因素是利用校准后的既有经验来理解种种判断和评估。我会说某某评论家"说我的语言"——即使我的意思是，这位评论家已经证明他有能力引导我提升个人品位，使我能够运用评论家的辞藻。休谟的标准是"敏锐感知，系细腻情感，由经历锤炼，借争竞臻善，悉摒除成见"[86]，远不如跟随一位评论家并建立一个三角测量指标所获得的经验重要。我们并非在贬低这些标准——我们一直认可它们对葡萄酒感知和审美判断的重要性。然而，它们既没有破解**真正的问题**，也没有解决更为迫切的日常问题——该信任谁。在审美方面，当然在葡萄酒方面，对于评判的信任囿于过往经验。那些指出你从未关注到的成分的评论家，以及那些让你开始了解葡萄酒的一般性描述（如优雅、深度等）的评论家，比那些文章和判断均无法影响或呼应你个人经验的评论家更易赢得你的信任。

结论

要成为葡萄酒鉴赏专家，必须有文化、实践和审美能力。然而，我们已然发现，品位问题还涉及动机因素：我为何要迎合理想评论家的喜好呢？那么，沟通和经验都同等重要。理想评论家并非超味觉人类。假若他们的专业能力基于生理层面的优势，那么就无任何缘由让一个人完全按照这些人的喜好改变，因为我们无论如何都不能感同身受。**真正的问题**昭示了，无论一个人用再充分的理由来支持理想评论家的理想性，关键还是在于要相信优质葡萄酒的存在，它们能提供许多前所未有的体验。无论是被一款杰出葡萄酒"带到那里"，还是依靠能够引导你感知熟悉的葡萄酒的人"带到那里"——体验更为强烈，都是"解决"真正问题的关键所在。而这种经验因素也能够解决更平常的问题，即应该相信哪位评论家。校准——通过对比评论家所做判正如前面几章所述，存在一种葡萄酒的美学体验。同样，我们已然证明，葡萄酒专家必须和我一样拥有各项基本能力；使他或她成为专家的，是建立在这些能力之上的知识和经验。而我至少可能会想："也许我也可以体验一下。"此外，我们需要对纯粹的感官享受和审美鉴赏加以区分。后者可能包括感官享受，但必然还包括其他经验（特别是美学特质的经验）。如果我和专家从葡萄酒中获得的都是感官享受，那么我的确没有必要去改变我的品位；我甚至无法有意改变在这方面的偏好。然而，如果专家进行的是审美鉴赏，那么至少我可能会想"也许我遗漏了一些东西"。也就是说，专家享有与众不同的体验，而我或许也能拥有。

进一步讲，如果我们认为，知识和经验是促成审美鉴赏的条件，并对何种知识和经验才算正确达成共识。毫无疑问，在每一个美学领域都有典例，其中一位知名评论家指责另一位评论家完全失职。然而，通常批评言论并非如此，尽管异议者的批评着实激烈。比如，基于条件须保持一致，那么"非理想评论家"就被排除在外了。"非理想评论家"的观点只有在两种情况下才有意义：在没有背景知识界定专家需要胜任的广泛领域的情况，以及各种能力认可标志（例如，葡萄酒大师的称号）。但几近如此，也许经典就是这种知识的缩影。莱文森的问题似乎在于，他在谈论一种文化现象（艺术、审美体验、规范性、信任、专家评价等），但同时又试图将其从根植于文化现象的原始性抽离出来。这解释了起初他的论述为何似以非循环的方式进行。下一章将讨论这种抽离现象的统一理论，它展现出的谬误，以及如何纠正这些谬误以期对美学理论大有裨益。

基于能力一致，我们有理由称，除少数个例外（例如，原始审美经验），专家人士拥有审美经验，而非专家人士则没有。在美学议题中，专家判断具有规范效力。此外，广义上讲，基于文化可知，美学体验内含优质、珍贵、振奋人心之物。或许我已然拥有其他审美领域的审美经验，至少是原始审美。因此，通过类比，我理解了同葡萄酒的美学邂逅。此外，因为美学特质其于由于我和这种体验之间的唯一障碍便是一条艰难之路（民主原则），所以我*的确*有追求这些体验的需求。当然，这个需求是否足以促使我采取行动则另当别论——我可能偷懒倦怠，或者忙于奔波，或者坦率地说自己沉溺于感官享受中。而且，其他美学领域也会以相同原因呼唤着我，我绝对无法回应所有的需求。因此，专家出现了，我也出于某种理由加入他们，这显而易见。这是建立在文化知识基础上的信任。而从现在开始，经验起主导作用。

并非全部专家都持有相同意见（这就是休谟的问题）——他们不仅时而在判断上存在分歧，还会采用不同的沟通策略。那么，我为何要遵循专家A而不是专家B的意见呢？因为我更信任A的能力。出于哪些合理的理由呢？可能因为A对葡萄酒的判断似乎比B更能引起我的共鸣，因为A的品酒笔记于我而言更有用处，抑或因为我的朋友经A指导后给出好评等。基于我个人经验，并通过挑选的专家进行"校准"，这就是信任。

于休谟而言，设定品味标准即为解决美之争议。如同柏拉图所著《大希庇阿斯篇》（*Hippias Major*）中

的苏格拉底，我们能够得出以下结论："一切美丽之
物都艰深晦涩。"[88]至少，想要领悟和体验"葡萄酒之
美"，就需要有相应的能力。你可以跟随那些信任之人
学习，他们会带领你探索那些不可或缺的体验。

注释：

1 Hume（1987）：229.

2 Hume（1987）：230.

3 Hume（1987）：230–231. 大写英文名、地名都在原著中
   出现。

4 Hume（1987）：241.

5 对大量分子的广泛选择性嗅觉缺失可能影响超味觉人类对葡
   萄酒味觉判断的规范效力。我们在第二章中已有所讨论。

6 Hume（1987）：235.

7 Hume（1987）：236.

8 Todd（2010）：37.

9 R. Stevenson（2009）：140.

10 Bende and Nordin（1997），Parr et al.（2002）and Parr et
   al.（2004）.

11 Solomon（1990）.

象，很少有人喜欢对雏鸡进行性别鉴定。

13 Stevenson（2009）：141 and 146.

14 Stevenson（2009）：146.

15 Todd（2010）：125.

16 仅在音乐（听力障碍）或视觉艺术（视力差或色盲）方面有类似限制。

17 Hume（1987）：241.

18 例如，罗伯特·帕克早已放弃了对勃艮第葡萄酒的酒评，一般不被当作勃艮第葡萄酒的专家。

19 Hume（1987）：241.

20 Hume（1987）：241.

21 www.mastersofwine.org/en/about/meet-the-masters/search-alphabetically.cfm（accessed February 14，2012）.

22 很难确定这件事的因果关系，但考卷必须用英语答题，且考试在伦敦、悉尼和纳帕举行。

23 www.mastersofwine.org/en/about/index.cfm（accessed June 17，2011）.

24 但是一些理论知识，例如商业的商务模块，与我们在前面章节中对能力的描述无甚关联。

25 或不是主要的。席尔德克内希特是哲学专家，但没有美学专长。

26 有趣的是，葡萄酒大师考试（这是一种葡萄酒行业的资格考试）并不包括期酒品鉴。鉴于它在几个主要葡萄酒产区和葡萄酒贸易中的重要性，这确实匪夷所思。

27 酒评家尼尔·马丁（Neal Martin）在罗伯特·帕克的网站上独立撰写了他的"葡萄酒日记"，他在书中谈到了酒评家、葡萄酒体验和期酒："评估桶装样品和评估成品葡萄酒是两码事。需要五到六瓶期酒才能真正获得直观感受，并通过重新品酒（如果可能的话是盲品）来学习经验，以检查你兜售的'年份葡萄酒'并未得到72分，以及相应的品酒记录就变成了当头棒喝。你得出的结论不会全然正确。还有一些不可忽视的因素：混合酒的酿制方法，乳酸发酵后期，倒灌次数，桶的类型，是否加入压榨酒，样酒的年份，以及混合年份酒体高达15%的葡萄酒。"Martin（2011）。

28 佳酿在开瓶前通常须经年储存，在瓶中往往在几年后进入"休眠期"。它们闻起来没什么味道，但酸度和涩感很明显。几年后，它们就完全成形。

29 英国葡萄酒出版刊物，如《品醇客》（*Decanter*）和《美酒世界》，仍倾向于采用20分制（0.5分值计算）。其他刊物使用5星制，当然还存在其他评分系统。

30 在对约翰逊的回复中，必须指出，虽然马奈和莫奈的艺术作品是独一无二的，潜在购买者少之又少，但葡萄酒面向公众交易，即使是最昂贵的杰出葡萄酒，每年都要生产数千箱。

31 例如，2005年约翰逊在写这篇文章之时，他在亚马逊英国官网上被评为3.5星。

32 参见Walker and Ragg（2011）：45，他们将靓茨伯1999（Château Lynch-Bages 199……

34 对许多酒庄来说，这本身就决定了达到或超过某一临界值（可能是90分）是"成败攸关"的。

35 不过，《葡萄酒倡导者》杂志只列出了51种，因为没有一款葡萄酒的得分低于50分——大概因为它是用葡萄酿成的。

36 评分标准如下：

96～100：这是一款**杰出**葡萄酒，富有深度、复杂度，展示了所有经典葡萄酒应有的特质。这种水准的葡萄酒值得去寻找、购买和消费。

90～95：这是一款具有独特复杂性和个性的**优质**葡萄酒。总之，葡萄酒品质很高。

80～89：这是一款**优良**葡萄酒，展现了不同程度的细腻口感，没有明显的缺点。

70～79：这是一款**一般**葡萄酒，除了酿造工艺不错之外，并无特别之处。从本质上讲，这是一款无功无过的葡萄酒。

60～69：一款**低于平均水准**的葡萄酒，含有明显不足，如过度的酸度和/或单宁，欠缺风味，或有不适宜的香气或风味。

50～59：**劣品**，不推荐购买这款酒。

（www.erobertparker.com/info/legend.asp； accessed September 22，2011）.

37 我们由衷感谢数学家O. H. Rydland阐明了这个问题。

38 www.erobertparker.com/info/legend.asp.

39 Mobley-Martinez（2007）.帕克的计算方式有问题。

40 "然而，分数并不能显示出真实的葡萄酒。评分附带的书面评论更能展现葡萄酒的风格和特性，其与同类葡萄酒的质量对比，以及它的价值和陈年潜力，比任何评分都要有用。"

41 比如Shapin（2005），Nossiter（2004）and McCoy（2005）。

42 http://dat.erobertparker.com/bboard/showthread.php?t=231496&page=1&pp=40（accessed August 10，2011）. 截至今天，同主题的帖子共有337篇。

43 Hume（1987）：241. 我们还假设，由于强调经验和对比，理想评论家最适合化解争议，而不是对美的定义或任何其他审美特质的定义发表见解。

44 Levinson（2002）. 他提出的例子属于艺术领域，而并非同我们的例子一样有关葡萄酒。

45 Wieand（2003）：395.

46 Levinson（2002）：230.

47 Levinson（2002）：229.

48 Levinson（2002）：230–231.

49 Mothersill（1989）.

50 "无论在何处，若你找到一种美妙口味，它一定会得到认可；而判断它的最好方法是诉诸那些典范和准则——它们由各国一致同意建立，并历经时间的考验。"Hume（1987）：237.

51 Levinson（2002）．222.

55 Levinson（2002）：235 – and n. 26: 237–238.

56 Epley and Dunning（2000）and Svenson（1981）.

57 Burger and Huntzinger（1985）.

58 Levinson（2002）：233.

59 Origgi（2007）：186–187.

60 Origgi（2007）：194–195.

61 1663年4月10日星期五："在这里喝了一种法国葡萄酒，叫作Ho Bryan，味道很好，很特别，我从未见过这种酒。"www.pepysdiary.com/archive/1663/04/10/9（accessed August 22，2011）.

62 Hume（1987）：230–231.

63 我们在此所述葡萄酒经典借鉴了Ole Martin Skilleås和Per Mæleng共同撰写的诸篇文章——Mæleng and Skilleås（2007a）和（2007b）。感谢Mæleng允许我们使用这一材料。

64 Pliny the Elder（2004）：book 14.

65 Von Bassermann-Jordan（1991）.

66 在几个格拉夫地区的酒庄里，只有奥比昂酒庄成为列级庄。

67 在1855年巴萨克（Barsac）和苏玳（Sauternes）官方评级中，滴金酒庄被评为超一级酒庄（*Premier Cru Supérieur*）。1932年建立中级酒庄（Cru Bourgeois）分级，1959年建立格拉夫级别，直到2006年才建立了圣埃美隆级别和梅多克级别。

68 www.liv-ex.com/pages/static_page.jsp？pageId=255（accessed August 23，2011）.

69 Lewin（2010）.

70 Lewin（2010）.

71 奔富酒庄则有些不同，我们将在第六章阐述。

72 罗曼尼-康帝酒庄产出的葡萄酒很少有质量不过关的。

73 我们在第四章阐明，非专家级的葡萄酒消费者并不喜欢专家推荐的葡萄酒。

74 一个广受好评的澳大利亚葡萄酒品牌，产量很高且销往60多个国家。

75 法国农场园是皮埃蒙特（Piedmont）巴罗洛（Barolo）塞拉伦加村（Serralunga）的一个葡萄园。贾科莫·康特诺（Giacomo Conterno）的葡萄酒仅采用更优质年份的葡萄酿造，产量约为1800箱，被视为同类葡萄酒中的行业标杆。巴罗洛是一种很难让人喜欢的葡萄酒，尤其是具有高酸度和涩味的经典康特诺风格。康特诺的蒙福蒂诺（Monfortino）酒来自同一个葡萄园，但酿造方式不同。

76 我们在第四章中杜威处得到了相同结论。

77 "2400年来，病人们都相信医生能够妙手回春；而其中的2300年，他们都错了。" Wootton（2007）：2.

78 巴巴莱斯科（Barbaresco）和其他用内比奥罗（Nebbiolo）葡萄酿造的葡萄酒在"成长期"会极为酸涩。

79 改编自Levinson（2002）：230。

80 可以说，可能有一些专家是"哑巴"，他们只需要向其他酒杯说："非常好！"而这家超市连续几年获得了年度最佳葡萄酒商奖。

81 由艾伦·瑞克曼（Alan Rickman）饰演史蒂芬·史普瑞尔（Steven Spurrier）的电影《瓶击》（*Bottle Shock*）（2008）改编自这一事件。

82 年份相同的同款葡萄酒在几十年里保存完好。

83 许多人都关注到了这一点，Origgi（2007）就是其中之一。

84 包括尼尔·马丁（Neal Martin）的"个人网站"。

85 评论家越有影响力，诋毁者就越多，这司空见惯。虽然很少有人质疑帕克先生广博的知识和敏锐的品鉴力，但仍有许多人质疑他的判断，即使是他最为钟爱的欧洲波尔多地区和南罗纳河谷的高分葡萄酒，因为他们认为他并未强调这些葡萄酒的真正特质。

86 Hume（1987）：241.

87 的确，如果我们纯粹关注美学议题，谁能忍受等待一瓶好酒的漫长岁月呢？

88 Plato（1961）：304e.

第六章 葡萄酒界

前言

在迄今为止的讨论中，我们语境化的方法造成了一系列不得不推迟的问题。这些问题都源于这样一个事实，即美学的主流理论范式倾向于关注个体的、孤立的经验，关乎单个和孤立的对象，或有着分离的审美意图。通过对近期美学理论持续的批判性研究，前面的三章试图理解并最终消解这种理想化。然而，研究近期美学其本身，意味着必须把语境美学的某些特征搁置一旁。我们在葡萄酒美学里使用的方法本质上是语境化的。我们所接触的葡萄酒是"葡萄酒界"的一部分，对其合格的品尝是一个主体间的活动。我们在第四章使用的"葡萄酒界"是艺术世界的制度化概念的一种版本。通过葡萄酒界，我们指向更广泛的葡萄酒背景——生产、分销、批评和销售，在审美被认为是重要的前提下。我们有时会交替使用葡萄酒界和"美学群体"两个术语，尽管后者常常被用于狭义地指涉评判和品尝的群体。这两个概念是相互重叠的，特别是由于生产商和经销商*也*必须赏鉴葡萄酒来更好地完成他们的工作。通过下文对葡萄酒界概念的讨论，我们为语境美学提供了一个更普遍的理论范式，阐明了它是如何从前面几章中产生的。我们从汉斯-格奥尔格·伽达默尔（Hans-Georg Gadamer）的作品开始，并思考"阐释学"对美学概念的影响。接着，我们将研究语境美学必须面对的两个重要问题，并尝试解决这些问题以检验我们的新范式。此外，在整个过程中，在葡萄酒的语境美学与其影响之

葡萄酒界的阐释学

汉斯-格奥尔格·伽达默尔提出了**审美区分**这一概念来描述对审美现象的理解。这种理解在18世纪末出现，而且——他认为、我们也赞同——从那时起一直主导着美学。[1]其核心思想是，美学倾向于将那些他认为本质上是相互联系的活动视为可分离的实体。具体而言，一是以其与客体的关系来看待和评判主体；二是历史上的具体实践，包括对对象的生产与审美和同时代世界的兴趣或目的，以及对对象的审美欣赏。伽达默尔的例子往往是历史时期的作品。由于它们与我的**距离**，这些作品的阐释和评判在方法论上存在困难。审美区分是解决这些困难的一种方式，但伽达默尔认为这种方法被极大地误用了。然而，很明显，研究同一时代的来自不同文化的作品，类似的困难也会出现。不甚明显的是，每个作品——即使是历史维度和文化维度上被认为是**本土**的作品——都会需要我克服相同的阐释困境。文化群体很少同质化并自我封闭，艺术的"语言"也很少含义明晰，故而人们如何"理解"一件新的艺术作品是显而易见的。因此，如果伽达默尔的研究是有效的，它将全面适用。

然而，我们正在将葡萄酒鉴赏作为一种审美实践来研究，而葡萄酒并非艺术。第四章和第五章表明，在不使用艺术、艺术家等概念的同时，有意义地使用哲学审美概念是可行的。尽管如此，除非我们与托德（2010）持相同的观点，认为葡萄酒商的意图是鉴赏的关键——而第四章表明我们并不赞同，关于葡萄酒的具体阐释学问题并非显而易见。直率地说，关于阐释学的问题是，葡萄酒似乎并非用来**理解**之物。但在第三章和第四章中，我们论证了葡萄酒鉴赏实际上是认知性的，并涉及"建构"或"模仿"的想象行为，以使适当的审美意向性对象显现出来。因此，说到底，葡萄酒是用来理解和阐释的。当然，我们所探讨的并非真实的或隐含的艺术家（或葡萄酒商）的意图，而是葡萄酒是否在审美上成功。在与葡萄酒的审美接触中所必须克服的"距离"

它是存在于我的审美群体中的距离——例如，每当有创新出现于葡萄酒界时，评价的差异就不可避免地出现，也存在于不同的项目之间，甚至可能是不同群体之间。在同一个审美群体中，我们共享活动和价值观；然而，这并不意味着我们总持一致意见，所有的价值和标准都是没有争议的，以及我们总是有效地沟通。甚至在我自己内心也存在种种差异，以自我怀疑的形式或发现自己的品位正在改变。在此，手中拿着酒杯，我就是我的审美群体的代表。此外，我还坚持我所认为的它的核心审美价值。最后，我所用的审美项目并非我的审美群体（也许还有更广泛的文化）所认为的无关紧要的项目，它与被认为是相关的项目实际或虚拟地结合在一起。通过葡萄酒，要克服的"距离"是与他者或实际或想象的活动的距离。

重要的是，伽达默尔主要说的是哲学美学，而非研究具体艺术的学科（如文学批评或音乐史）。这些学术学科通常更有历史意识，而且至少从20世纪中叶开始，就不那么倾向于用哲学美学的传统范畴来构想他们的工作。举例而言，学术性的文学批评倾向于将其任务理解为一种语境化的理解而非判断。事实上，这种判断的缺失往往是如此明显，以至于任何独特的艺术或审美意识都不复存在了。

在这一点上，文学或艺术的学术研究（与哲学美学相比）可能会被指责为过度热衷于消除审美价值，而一定程度上这是言之有理的。有趣的是，葡萄酒鉴赏并没有走上这条路。可以肯定的是，很少有人在谈论时明确地认为葡萄酒与艺术类似。然而，在其他方面，品酒实践倾向于被认为仍然是传统哲学美学的形象。例如，葡萄酒评论家往往不被认为是那些了解或知道葡萄酒的人，而是那些有能力判断其质量或价值、给出品酒注解和分数的人。另外，试图达到客观性、对葡萄酒进行去语境甚至盲品之，它们都与启蒙运动的美学理想有着明显关联。而这一美学理所当然也极大地归因于当时对科学方法的新兴理解。到目前为止，我们在书中一直认为后一种方式对葡萄酒品鉴的理解是非常局限的，并且它与客体的分离），传统美学倾向于认为审美现象只对观看者产生想象的影响。如果我发现作品（比如说，一本小说）情感强烈，这不是审美判断的一部分，而只是审美判断所依据的证据之一。更重要的是，如果这部小说或多或少地改变了我——例如，如果它改变了我对世界的看法，或者甚至只是改变了我对小说可能性的观点，那么这种改变也只是小说美学力量的证据，而不是判断的一部分。判断的人（理想的读者）并不是受到影响的人（真正的读者）。我们认为，这种作品及其效果与评判主体的"距离"，是美学赋予视觉和听觉以特权的主要原因之一。这种隐喻性的距离或区别，被认为是审美判断的特征，被视为与感官对象与身体的物理距离有关——甚至有一句英语谚语很好地表达了这种冷静的客观性——"置身事外"。此外，同样的是，也不应该有观看者对作品的影响，因为作品同样是理想的，独立于其历史或文化条件而存在。其他人过去对这件作品的判断可能现在是对我有用的，但完全独立于作品本身。我将重新考虑这件作品，就像它刚从艺术家的工作室出来一样。伽达默尔认为[2]作品对观者的影响和观者对作品的影响（对作品的"接受"，构成其影响的历史）都必须被理解为艺术现象的组成部分。我们将在下文中讨论，在何种程度上，判断者和对象之间的联系应该被认为是葡萄酒审美的关键，以及可以为我们的判断提供哪些依据。

　　第二种区分是对假定的审美判断的普适性的解释。伽达默尔认为，审美传统倾向于假定审美判断总是以同样的方式发生，并且应该总是如此。可以确定的是，有许多其他遇到事物的方式。中世纪教堂里的一幅画可以作为神圣的、历史的证据，作为教会社会政治权力的象征，作为圣经的解释，作为一个有价值的艺术品被保存、交易等。审美判断使自己与这些分开。因此，认为一件艺术作品也可能是神圣的并没有错；但这样的观点是不被允许的：它应该仅仅通过——或者甚至部分通过——它的神圣功能而被理解为一件艺术作品。同样的，伽达默尔认为，这不过是近代美学思想的一种偏一件作品的恰当判断可能是具有历史赋予的独特的性质（例如，作为圣物）。这种其他类型的判断，尽管它可能是不可能重现的，但不应因此简单地忽略它而支持去历史化的美学判断。重申一次，我们将在下面讨论这一概念是否适用于葡萄酒的情况。

最后一种区分是对康德式关于无利害的批评的阐释。康德式的挑战是将个体自我从对作品的个人兴趣（例如，享乐性的喜爱或道德上的认可）及对自己的社群或整体的历史时期（例如，文化上的喜爱与厌恶）的兴趣中抽离出来，以便做出正确的判断。否则，审美判断将受到其他类型的判断的影响，和/或被来自外部的偏见所影响，这种偏见是因为背离适当的、个人的和自由的判断情况而导致的。这种无利害关系的概念通常被扩大为一种普遍性的特征，从而加强了上述的第二种区分。通过无利害，我的判断达到了审美判断的适当的非/跨历史的特性。伽达默尔回应道，我的社群或历史时期的"偏见"，远非审美的对立面，而是其条件。[3]这些"偏见"使得个人有可能判断，而且事实上使个体判断的"自由"和"客观"拥有意义。由康德开创的美学传统所规定的"纯粹"的审美判断，即使是可能的，也是贫乏和毫无意义的。

与对审美区分的简化和误解不同的是，他主张一种基于"视域融合"[4]的经验（或者说阐释）概念。赋予现在的解释行为以意义的活动和语境将与作品的生产和其接受历史的活动和语境结合。解释应该从这些融合的语境中产生，仿佛它们代表了一个*单一的世界*（如"艺术世界"）的标准、价值观和内部辩论，这样，阐释的任务就可以作为一个连贯的活动来进行。只有这样，历史——或者说，当下对于其他文化的生产——对我们而言变得既是有意义的，又是"他者"的。"有意义"，指的不只是单纯的古文物研究或异国情调的迷恋对象。"他者"的意思是，我们不是简单地把历史和文化混为一谈，最后只剩下"莎士比亚，我们的同时代人"的变体。伽达默尔的作品已有半个世纪的历史，对主流美学来说并不陌生。然而，大部分当代美学仍然是抵拉美实是如何表明它们是被误导的。

葡萄酒及其对主体的影响

葡萄酒改变了我，尤其是当我有能力判断它时。实际上，这可能在葡萄酒鉴赏方面比视觉艺术、音乐或文学更明显。我们在此谈论的不是诸如摄入酒精的生理上的变化；相反，我们指的是这样一个事实，我的感官能力，以及形成适当判断的认知能力需要训练，而它们主要是在品尝时通过被指导的感知来训练的。我们习惯于认为视觉领域只是*在那里*，给任何人去观看；同样地，听觉领域似乎也是在那里供人聆听。关于嗅觉和味觉——尽管许多嗅觉和味觉是实存的，因为其化学关联在物理上是真实的，更显而易见的是，需要有发达的能力来有意识地感知它们。我们还看到，嗅闻——一种增加到气味接收器的气流的刻意行为——对于以最佳状态关注葡萄酒而言是必要的。[5]然后，我必须学会分离出气味成分，在关系中感知它们，并将它们与其他葡萄酒进行比较。正如我们已经发现的那样，我的实践能力是培养的结果，而非天生的。此外，当我品尝熟悉的陈年佳酿或味道和气味有微妙不同的组合、强度和品质的新酒时，当我将它们添加到我盛放比对和典范的"库存"中时，能力将继续发展。

这些变化对我来说显然不只是评价的证据，而是整个评价过程的一部分。葡萄酒不是孤立的个体在审美上遇到的孤立的对象，随后个体开始或不开始与他人关于葡萄酒的讨论。正如我们反复论证的那样，通过他/她的能力和审美欣赏的实践，个人作为审美群体的代表而存在。在本章的讨论中，我们将看到欣赏和生产之间的"反馈圈"。葡萄酒商必须注意著名的批评家，而他们自己也是批评家；而事实上，批评的语言和能力在每个新的年份也都会有微妙的变化。通过葡萄酒的方式，葡萄酒生产对葡萄酒鉴赏产生了影响。

我们已经知道，尽管品酒涉及近距离的感官，因此并非保持了一定距离，但这并不妨碍审美判断[6]，如使用主体间有效的描述性或评价性语言，近距离感官都没有造成真正的障碍。不过，更重要的是，这种保持距离的理想在某种程度上是一种错误的理想。它往往会导致各种形式的对审美经验的过度简化（如形式主义），适得其反的做法（例如过度依赖盲品），以及与客观性的基本不相关的描述。

此外，尽管我们只是有机会稍稍提及了这个论点（主要在引言和第四章），但我们所有成果都贯穿这样一种信念：关注、训练和展示涉及近端感官感受的可交流性，扩大了人类经验和文化的可能性。如果我们认识到近距离感官对象的审美可能性，我们就可以扩大我们的能力，丰富我们的生活。在具体讨论葡萄酒时，它作为也许是最广为人知的以近距离感官来鉴赏的对象，当然也是历史最为悠久的对象，我们希望在这本书中呈现的内容可以超出具体的葡萄酒鉴赏的范围。忽视一般的近端感官的对象意味着有一整个审美经验领域被消除了，连同愉悦、启迪，以及甚至可能由此产生的智慧。

经历及其对葡萄酒的影响

通过几种与美学有关的方式，主体可能会改变被视为"一个丰富的客体"的葡萄酒。我们对葡萄酒鉴赏语境中的审美价值的稀有性、特权和短暂性的分析表明审美经验事件特征。比伽达默尔的大多数例子更明显，即使从物理角度考虑，葡萄酒也不是一个简单的对象，而是一个延长的事件，品鉴者是它的一部分。例如，在我们的2030年思想实验中，我们得出结论：葡萄酒必须被认为是一个"丰富的客体"，不能被简化为其物理或化学存在（虽然确实不无关联）。在第三章中，特别是在对葡萄酒体验的时间维度的分析中，我们强调了葡萄酒鉴赏的事件特性。这一点起初似乎并不能推广到美学的其他领域，至少在审美经验（绘画、小说）的物质条件总体上没有被消耗的情况下。我可能不会在物质上改变这幅画，但我如果接受审美区分，将对象和与它相会发生。我们认为，即使对于绘画和小说而言，审美经验也保持着一些事件的特征。（如果我们谈论的是音乐或戏剧表演，那就更类似品酒。）也就是说，它涉及一个单一的判断，存在于并跨越时间，包含某些程序，出于资质能力，运用批判性的修辞和被引导的感知，以及一般而言我存在于一个审美社区中。审美经验发生了，而且在非同寻常的意义上不会以完全相同的方式再次发生。这一事件改变了与这一作品和其他作品后续相遇的可能性。这个观点在第三、四、五章中详细论述过。

除了我对酒的物质消耗，事件特征的重要体现最明显的在于批评。葡萄酒批评改变了批评景观：也许欢迎一个新的年份和它所表达的内在于葡萄、土壤的，或来自葡萄酒商等的可能性；也许是确认趋势；或介绍葡萄酒、语言甚至交流技术的新风格。换句话说，每一次品酒行为都可能改变审美群体的文化和实践能力。显然，广泛传播的品酒笔记将产生相应的更大影响。诸如Cellartracker.com这样的网站已经开始让专业的葡萄酒群体以外的评论家有更大的发言权。由于葡萄酒的审美体验涉及这些能力，它们的变化会改变体验。例如，对

一个知名生产商的葡萄酒给予相当失望的评价，这可能
会改变这个生产商（以及与他们最接近的竞争对手）生
产的其他葡萄酒的体验。发生这种情况并不是因为其他
品酒师会有偏见，除非我们自动假设知识就是偏见。另
外，其他品酒师毕竟可以而且确实有不同意见——品酒
师可以提出不同意见而审美群体并不会因此分崩离析。
因此，虽然关于意见的一致可能会有社交压力，但这并
不是共同的批判性评价形成的主要方式。批评改变了其
他人的经历的可能性主要不是因为偏见或因为达成一致
的压力，而只是因为语境事实已经改变。

　　作为品尝活动改变客体的第三种方式，我们要考
虑"反馈圈"的另一面：批评改变了葡萄酒的生产。
无论是生产还是消费，都不是一个独立的活动。除了两
者都不能离开对方而存在这一明显的事实之外，还有一
个不太明显的事实，那就是这些活动都属于同一个审美
群体。评论家和生产者相互交谈，而有一个反馈圈

份的不同阶段，必须做出一系列的决定，而酒商对于做什么的判断往往取决于风味。例如，上一次选择这个特定的方案时，葡萄酒的结果如何？它们是否失去了任何令人渴望的特征？当决定减少使用转棒（bâtonnage）（搅拌沉淀物）时，乡村级的默尔索是否失去了风土？有一种不无道理的说法是，酗酒和只品尝自己的酒是酒商倾向于有的两种最危险的职业风险——而正如我们在本书中反复强调的那样，审美判断需要进行比较。审美欣赏和葡萄酒商品味的细腻程度对成品的重要性可能不亚于葡萄园或酒厂中的任何设备。

但葡萄酒商在他们的世界里也并不孤单。他们的区域联盟，买家和分销商的推荐和购买，批发商和餐馆，地区或国际奖项委员会，报纸的、杂志的及越来越多出现在互联网上的评论员，都在葡萄酒界的反馈圈中发挥着自己的作用。当然，这些批评领域人士的脑海中会有不同的项目。尽管可能不会被所有人承认，但美学项目往往是其中之一，并且是许多其他项目的核心。这种反馈使美学界的各个方面和活动得以维持，培养新的成员，并根据新的事件相应地进行调整。

因此，举例来说，它允许审美消费者能够理解并恰当地解释新的葡萄栽培技术或其发展。这一部分的反馈圈构成了客体对评判主体的影响。然而，同样地，这个反馈圈允许生产者理解并适当地允许风味的发展，竞争、分销或营销的改变，以及整体上修正或改进他们的酿酒策略。审美评价将在其中发挥作用，并在优质葡萄酒的问题上发挥核心作用。即使批评事件及估价最初不是主体间的，其影响则肯定是主体间的。也就是说，当他们的销售发生了变化，以及同样地，他们的竞争者改变战略时，生产商必须注意到。一些生产商可能会采取顽固的、高标准的方法试图度过暂时的风尚变化，其他人可能会追逐市场，还有一些则在新的方向上引领市场。

因此，在葡萄酒界的不同层面，并注意到不同的基本项目，这个反馈圈具有不同的功能。对于高品质葡萄酒的美学欣赏，审美群体合乎情理地变得更加谨慎，不产商会获得国际上的接受，而加利福尼亚的生产商可能更注重国内的反应。

生产商已经是一个非常有能力的品酒师，虽然与其他葡萄酒专家相比，他们的经验范围可能更窄，而且非常强调预测性品尝。依靠生产者自己的能力，审美群体已经——通过代理人——在向买家和评论家发布葡萄酒时，对葡萄酒进行了判断。一位在世界另一端的酒评家对他/她的酒的品评只是向酒商证实了这一事实，也许可以让他/她更精细地校准工艺（和风味），也许可以以稍有差异的方式追求卓越。如果有分歧，那就是异常情况或某人的错误的迹象，是那些保持葡萄酒界活力的内部争论之一，或者可能是来自不同审美群体的判断。在这个反馈圈中，生产者（尤其是著名和重要的生产者）会得到相当大的尊重，因为他们代表了一个专业机构，以及一个传统和有价值的地理区域（后者将在下文关于风土的讨论中进一步探讨）。

离开高品质葡萄酒，反馈圈的工作方式就不同了。从评论界传回给生产商的重要信息，与其说是对个别葡萄酒的评估，不如说反映了市场口味的广泛变化。当然，个别葡萄酒可能会在报纸的葡萄酒专栏或年度葡萄酒指南中被提及，但就向消费者所购葡萄酒的数量而言，其重要性远远低于市场知名度，通过分销渠道的可获得性，当然还有价格。尽管小生产商可能有很强的品酒能力，但他们的影响力要小得多，并且会受到他们的分销商或与之合作的各种买家的引导（可能相当有强制性）。一般而言，生产者在其中的作用相当小：也许在风格方面有创新（但这也有可能是来自营销端），生产的效率，以及在交易会上兜售自己的产品，试图被发现为"下一个爆款"，或者仅仅是获得足够的客户来支撑到下一个年份。一般而言，"下一个爆款"是营销部门和葡萄酒记者的职能，葡萄酒记者也必须营销和销售他们的专业知识，而追求新事物或拥护尚未流行的事物是实现这一目标的好方法。然而，有时，葡萄酒界会因此引入一种既新颖又迷人的风格、地区或品种。

基于所有的这些原因，作为客体的葡萄酒被视为历的项目，尽管不一定与之无关。在我们看来，上述讨论中至少有两方面具有普遍的哲学意义。首先，反馈圈是一个审美群体的自我校准机制之一，类似批判性的自我反省。它也是一种渐进式变化的机制，这种变化有时会把审美群体也带入其中，开辟一个具有独特价值的葡萄酒类别，而在其他时候，也许会带来分裂。也就是说，项目和判断的相互作用的解释学为我们提供了一个葡萄酒界随时间变化的动态模型。其次，反馈圈也意味着创造和保存了关于葡萄酒生产和接受的证据。因此，它对于建立优质葡萄酒的权威经典，记录葡萄酒多年的发展，以及建立对我们的文化和实际能力非常重要的描述性、评价性和比较性语言的密集体系是非常关键的。换句话说，它建立并维持了一套认知工具，更广泛地说，一种文化。这意味着，批判性欣赏本身就是一种生产：如前文所述，生产一套证据，并最终生产一个审美群体。

这个审美群体，即葡萄酒界，不一定是一个平和或完全固定的领域、完全解决的境界。在种种问题中，有两个概念，不仅让我们对葡萄酒界的理解有助于澄清问题，而且还可能对哲学美学产生更广泛的影响，它们就是"葡萄酒与食物"及风土。

葡萄酒、食物和葡萄酒界（群）

从趋势而非规则的角度来看，我们可以说，**旧世界**的葡萄酒是为了与食物一起食用而生产的——也就是说，它们是在以其与食物的关系来欣赏葡萄酒的美学实践框架内生产的。**新世界**的葡萄酒是为了单独饮用而生产的或者至少是为了搭配风格迥异的菜肴。作为**新世界**葡萄酒的标志，其甜味和橡木桶[7]往往既能单独吸引人，也能很好地与更甜的菜肴搭配，包括烤肉。这意味着**旧世界**风格的葡萄酒往往具有更高的酸度和更坚实的构造，而**新世界**风格的葡萄酒则倾向于"大"风格，有更甜的水果和更多的橡木风味。这不仅使正面交锋变得困难，而且还提出了一个更重要的问题，那就是葡萄酒费者的生产商来说，生产这种风格的葡萄酒是一个更好的商业策略。习惯于高酸度和高单宁的葡萄酒需要接触这类葡萄酒，而如果接受这种风格的葡萄酒——或者主要在用餐时喝酒——不是你的文化的一部分，你对这类酒的接受度就会较低。被认为是**新世界风格**的葡萄酒，既是在比**古典欧洲**更温暖的气候下酿酒，因而很容易达到高成熟度的结果，也是有意识地试图建立一个市场，以更易被接受的风格吸引不饮葡萄酒之人的结果。

然而，这种趋势也可能表明，孤立地不搭配菜肴来品尝某些葡萄酒是一种虚伪的或理想化的行为。认真品酒的礼仪（我们在第二章中讨论过）可能允许稍稍搭配一点儿面包，但很少允许其他东西，而且要避免强烈的气味；品酒师经常注意他们在品酒活动前几个小时的饮食。这其中有多少是应有的注意，有多少是对品尝情况的破坏，以至于使判断不再相关？这里需要指出的第一点是在用餐时享受葡萄酒并不是一个与传统品酒完全不同的项目。它不像和伦勃朗的肖像人物一起玩飞盘。事实上，两者的目的可能非常接近：审美欣赏，但在前者的情况下，是对葡萄酒和食物的*整体*的欣赏。当然，并不是所有这样的社会环境都有狭义的美学欣赏作为他们的活动，但它很可能是各种形式的享乐和社交中的一个项目。

不过，与菜肴一同享用葡萄酒，很少是简单对口感和气味组合的审美。其他事情是这一情境的重要组成部分，比如与朋友、亲人在一起，以及享受美好的谈话。尽管狭义的审美活动是一个与众不同的，但这并不意味着其他活动是与之不相关的。正如我们在第三章中所指出的，不是**可能有**，而是**经常**有其他的活动同时活跃。在语境美学中，那些由于文化原因而倾向于联系在一起的活动不应该被认为是不相关的。可以说，仅仅因为它们是自利的或体现了相当不同的价值，例如金融价值，这些其他项目中的一些就被理解为是反美学的。即使我们同意这样的论点，仍然有一大批其他项目只能被理解为丰富了美学。只有一种理想化的美学观点才会试图从这些同时进行的活动中将审美欣赏的事件抽象出来单验区域变得微不足道。属于一个审美群体不仅是审美经验的*组成部分*（而非仅仅是它的条件），也是"活得好"的一部分（借用亚里士多德的概念）。无论人类的生活可能多么富裕或平静，如果审美经验是一个独特的经验和社会性的领域，那么把自己与之分隔开来就会让人类生活贫瘠化，类似脑叶切除术。当然，这不仅是葡萄酒鉴赏的问题，而是至少从亚里士多德开始就有的哲学美学的伦理内容的一部分。我们的观点是，葡萄酒鉴赏满足了这一需求，而且是以一种在其他方面也扩大了人类的可能性方式来实现的。

一般来说，我们需要区分两种方式，而以这两种方式来进行的活动可以是多重的。多个项目可以融合或联合起来，也许以一个项目为主导，这样它们就只能在抽象的情况下被区分开来，或它们可以保持独立，但同时进行。因此，我的审美性地品尝和享受美食的活动可能以两种方式发生。我们可以把整个体验的组合设想为一个单一项目的对象。当我们说"那是一个美妙的夜晚"时，我们的意思是，无论是简单的享受还是审美的欣赏，那晚的体验是这些项目的对象。或者，它们可以被分开，事后我可能会说："简的丈夫真丢脸——真无聊！但你有没有注意到第一支酒，它很特别！"这两种拥有多个项目的方式可以涉及许多其他同时进行的项目：加入一段令人兴奋的谈话，一个有吸引力的同伴，一些音乐，以及城市的景色。两个或更多项目的组合可以很快被拆开。例如，一支葡萄酒可以让项目发生变化，使审美欣赏的活动独立存在，甚至尽可能长时间地过滤掉周围的感觉。我们在第三章中讨论的那种认知过滤和注意力激发机制显然在这里被激活了。但这也可以相反的形式发生：整个"讨论会"的美学特征可能会让这些项目结合在一起，从而使对葡萄酒的狭义的欣赏仅仅成为更丰富的整体的一个方面。

当为了判断葡萄酒与某些食物的适配度而对其进行品尝时，类似的情况也会发生。当餐馆老板建立他们的酒单时，他们不需要用一系列菜肴去试验，但他们可以假设自己"仿佛"搭配了食物来品味酒。这种"仿佛"

力并无不同。这里的想象力因素在多个项目的合并或分离中不太明显，但情境却是相似的。一个较简单的活动（品酒）"仿佛"它是联合的项目（对葡萄酒和菜肴进行整体的欣赏）一样展开。对葡萄酒的适当关注是形成它和食物适配性判断的必要条件。盲品可能来自酒与食物传统的葡萄酒会带来的部分问题是：这种想象的能力被切断了。

文化习惯可能要求将葡萄酒鉴赏视作更广泛活动的一部分，或为了发现其他活动的重要性。因为它们与饮食或聚会等活动分隔，品酒与其审美实践是不是人为的建构——几乎就像在一个完全世俗的环境中看一幅宗教画？不，它们不是，原因如上所述。首先，单独品尝是可能的，而且基于实际原因，在判断葡萄酒和食物的适配性时，单独品尝是必要的。许多人变得非常擅长富有想象地将葡萄酒与食物搭配。我们其余的人可能只能通过实际吃喝来欣赏这些搭配的有效性。其次，正如语境美学所构想的那样，与葡萄酒有关的美学项目是并不"嫉妒"，可以说，它承认其他项目的重要性：如显而易见的描述性的项目，也包括涉及或加强社交的项目。

事实上，品酒实践已经是社交实践，并通过让它们更丰富、更成功而为社交实践服务。举行晚宴或在餐馆用餐是明确的社交活动，品酒实践也是如此。语境美学能够分析活动之间的互动。

我们在上文提出了一个问题，即谈论一个以上的"葡萄酒界"是否及在何种程度上有意义。例如，我们是否应该把**新世界**和**旧世界**认定为不同的葡萄酒鉴赏群体？**旧世界**的葡萄酒往往是作为与品尝食物有主要关联的葡萄酒鉴赏审美实践的一部分而被酿造，如果这种概括是正确的话，那么，这些不同的审美实践是否相当于一个全然不同的审美群体？[8]为了回答这个问题，我们首先需要问：如果"葡萄酒界"有统一性，那它是什么样子的？这样一个世界是由一系列重叠的实践、传统、价值观、所需能力等组成的。此外，它将延伸到各种不同的活动领域：生产（葡萄酒酿造，从小型生产商到国际公司，以及许多致力于了解和改进生产的科学家和而，当谈到对这个产业的产品进行审美欣赏的可能性时，我们不得不承认主体间的共同的能力、价值、实践和传统的重要性。那么，我们的第一个观察，是就审美判断的条件而言，关于"葡萄酒界"的谈论只涉及一定程度的共同性，并没有对这个庞大的行业的统一性做出更多的断言。因此，如果有两个或更多的葡萄酒界，这将与行业内的划分没有任何关系。例如，一个法国生产商完全有可能将自己与**新世界**的审美群体联系起来。基于历史原因，**新世界**和**旧世界**仍然具有地理意义，但在一个全球性的行业中，这种划分可能会慢慢解体，而且可能已经在路上了。同样地，属于同一审美群体的人之间也可能存在分歧。事实上，后一事实可能会加剧对审美分歧的担心，因为审美成就的可能性被认为是岌岌可危的。

因此，在审美群体的意义上，我们存在于葡萄酒界，它的统一性由那些实践和能力组成，它们产生了大体上一致的审美评价——至少在其核心价值方面是如此。这些评价将包括对经典葡萄酒的概念的维持，对生产商、地区和年份的品评和排名，以及对它们独特特征的保存。正如我们前文所讨论的，这些做法将暗地或明确地参考鉴赏的语境。在这些评价中，当然会有不同的意见。然而，主体间的有效性并不仅在于一致，而在于交流，争辩是一个关键特征。因此，衡量审美群体的"优势"依靠它对分歧和不同方法的开放程度，当然，前提是有证据表明，关键的判断和价值没有被忽视。创立一个新的葡萄酒"类别"，具有独特但重叠的优点，可能可以解决以前的类别无法解决的问题。换句话说，如果中心审美价值观仍然是共同的，并且有足够共同的评价性语言，从而使解决方案仍然可以实现，那么这种分歧可以被看作是社区内部的分歧。正如我们在第一章中所讨论的，我们必须把葡萄酒鉴赏的整个审美群体看作是包含许多嵌套的群体，它们有独特的实践、语言、经验范围，甚至也许有稍有差异的价值观。因此，葡萄酒界将包含许多分歧；问题在于这些分歧在多大程度上是生产性的，或是破坏性的。因此，将会有一个以上的于相当大部分的权威经典，让审美评价方面的交流变得不可能。

至少可以说，杰西丝·罗宾逊和罗伯特·帕克关于帕维酒庄2003年葡萄酒质量的著名争论，恰恰表明了这样一种分裂。而这款葡萄酒，根据托德[9]令人信服的分析，更类似加州仙粉黛，而不是经典的波尔多葡萄酒。然而，这首先假定了罗宾逊"一方"的大多数人都同意她的品位——关于哪些审美属性是可取的，同样地，对帕克而言也是如此，否则，这可能只是一个高调的错误示范。很明显，大多数有能力的品酒师不可能花时间去品尝罗宾逊和帕克有争议的同一款酒。因此，他们的同意与否必须基于风格相似的、来自密切相关的地区的葡萄酒，同样也基于罗宾逊和帕克在他们的其他判断中所采用的美学价值观。在这场辩论中，美学属性与葡萄酒的类别或种类之间的联系是非常重要的，因为罗宾逊并没有排除一款具有帕维酒庄2003年味道的葡萄酒可能是好的。例如，如果它是波特酒，它就会很好。那么，问题就不在于葡萄酒界遵循的审美价值，而在于它们与类型的关系，以及最终与某些葡萄酒传统的相关性。第五章中关于在一个单一尺度上给葡萄酒评分的讨论在这个语境中是相关的，因为打分隐含着这样的想法：所有的葡萄酒都在相同的方面取得了或多或少的成功，而质量是一个可以在不同的类别和风格的葡萄酒进行测量和比较的单一属性。

上述分析表明，葡萄酒界可能会以另一种更令人担忧的方式出现分歧：不同意用不同的标准来鉴赏不同类别的葡萄酒。如果一个群体——足够庞大和广泛（包含诸多功能，例如生产者、经销商和评论家）——根据一套标准来判断所有的葡萄酒，如感知到的感官影响的强度，而不管葡萄酒的类型或产地，这本身就会让这个葡萄酒界变得完全不同。处于危险之中的将是基本的能力——而不仅是审美能力。关于风格、种类和地区的知识将是不相关的，可能被认为只是这另类葡萄酒界中的**概念性的噪声**。虽然**审美群体**和**葡萄酒界**是功能性和灵活的概念，但它们并没有灵活到可以容纳这种发展。

根标尺来衡量所有的葡萄酒——打个比方，或者用其他一些迄今为止尚未发现的方式，都是对我们所熟悉和喜爱的葡萄酒界存在的挑战。事实上，根据本节讨论的标准，我们不认为现在有两个葡萄酒界——但这一天的到来并非不可想象的。

风土

如上所述，如果类型多样性的关键概念被压制，葡萄酒界可能会出现分歧，这一分析表明，要了解今天的葡萄酒界，必须了解有争议的风土的概念。毕竟，特别是对于欧洲的生产商来说，在葡萄酒中获得高地位的主要不是瓶子，而是地点。就像休谟的策略一样，当他想证明品位的标准在运作时，他诉诸作家的身份而不是个别作品，葡萄酒的地位不是基于特酿、年份或生产商。当可被感知的地理位置的质量被转化为一个法律框架，如法国的"原产地名号控制"（AOC）系统，这个图景就因贪婪和与其密切相关的政治变得晦暗不清，但在其理想化的形式下，AOC制度和其他国家的类似制度应重视指定地点的持久品质和身份。生产商或整个年份的葡萄酒可能表现不佳，但这种表现不佳的概念表明，有一种潜力没有在这个年份或由这个生产商实现。因此，地点被认为是掌握着质量的关键。

古迪和哈罗普指出，风土是"高品质葡萄酒的共同的理论"。[10]他们的意思是说，这一概念既是区分不同种类的葡萄酒质量的基本依据，也是关于特定葡萄酒的知觉身份的重要概念，例如不一定能被判断出来自哪个葡萄园的特酿。我们想补充的是，通过保存识别多样性的区别，风土成为一种统一的理论。从不同的葡萄酒中，人们渴望和期待不同的审美属性，故而风土这一概念的审美特点被展现了出来。例如，即使在勃艮第葡萄酒的整体概念中，即使在勃艮第红葡萄酒的一般概念中，香波-蜜西尼村的两个特级葡萄园蜜西尼和波内马尔（Les Bonnes Mares）也被期待分别提供口感丰富[11]与口感强烈有厚度的葡萄酒。如果它们的角色有一天被颠损失的是波内马尔的独特知觉特性和身份。我们所说的"知觉身份"是指描述性项目的意指对象；或者，更有可能的是（因为风土的概念主要是在假定有美学上的成功的情况下使用的），一个既是描述性又是审美性的项目的意指对象。此外，它必须是一个其跨越年份的稳定性不仅被发现，而且被珍视的意指对象。正如我们在第四章对这个概念暂时的讨论中所说，通过葡萄酒在其知觉身份中对风土的见证，只有当葡萄酒实现了美学上的成功，风土才是一个有趣的概念。同样在第四章，我们谈到了风土的项目——也就是说，它是品酒师可以为自己设定的一项特定任务，它的目的是让葡萄酒可被理解为对其产地"透明"，而这种透明度具有美学意义。[12]在这个想法中，人们已经可以看到风土作为一个统一理论的重要性，因为风土项目必须把描述性和审美性项目融合在一起，而且以一种使葡萄酒产地在两者中都能感知到的方式。[13]

我们认为，风土对于结合和整合不同的能力至关重要。正是通过葡萄酒具有知觉身份的想法，我杯中之酒的味道，从前喝过的不同年份的酒的味道的记忆，以及它们应有的味道之间才能建立联系。审美能力也很重要，而且记住区分开描述性和审美性的项目是很重要的。正如我们在上面所看到的，特级酒庄蜜西尼的葡萄酒应该是以其无可比拟的方式丰富而和谐的，而香波-蜜西尼的另一个特级酒庄波内马尔则是一个不同的类型，在这里，厚度和力度的品质是最重要的。

如果我们将其与该地区葡萄酒的一系列普遍特征相比较，它可能并不完全是"勃艮第式的"，但作为一个特级酒庄，尽管它不是很典型，还是扩展了勃艮第葡萄酒的概念。换句话说，语义知识、对特定葡萄酒的记忆及我们所称的审美属性，似乎是通过风土来统一的——至少如果我们在更广泛的意义上理解这一概念。我们必须扩展这个概念，因为有些葡萄酒根本就不是来自某个特定的地方，即使它们有或应该有一个特定的特征。奔富葛兰许（以前叫奔富葛兰许埃米塔日）就是一个典型的例子。它来自澳大利亚，代表了澳大利亚最好的当地的共同的理论"这一短语的含义。像奔富这样广受尊重的葡萄酒是一种有风土的葡萄酒吗？或者因为它不是风土葡萄酒，所以它根本就不是优质葡萄酒？与葛兰许相比，波尔多对财产而非地点的关注对于*风土*的概念来说是一个较小的问题。尽管庄园往往扩大他们的葡萄园，但他们仍然——作为一项规则——在一个公社里。当然，葡萄园和生产者的完美关联使得分别确定葡萄园和生产者的影响更加困难。因此，多样性是*风土*的灵魂。然而，可以确定的是风土作为一种分类工具只有在其始终如一的情况下才是有用的（而且可能永远都不会被注意到，除非其始终如一）。不过，这种一致性如何发生的却并不明显。

"风土葡萄酒"最早是用来形容下等或乡村的葡萄酒——那些明显带有泥土味道的葡萄酒。后来，它才逐渐成为一个赞美的术语，表达了大多数葡萄酒，或者至少是那些没有过度种植或过度生产的葡萄酒的一个广为人知的特点。根据它们不同的产地，葡萄酒的味道是不同的。这一点在来自温暖的和寒冷的气候的葡萄酒上体现得非常明显，但即使是在同一山坡上的相邻地块，由同一葡萄酒商种植同样生长时间的同一品种，在同一年份里也有不同的味道。因此，风土代表了那些超越年份、葡萄树龄和酒商劳作的差异，尽管所有这些（以及其他方面）都是影响葡萄酒品质的重要因素——有时它们甚至主导了产区或地区的特点。然而，风土概念概括的是那些无法归因于人力干涉或天气变化的持续性差异。于此，奔富葛兰许又是对这一概念的测试。它是澳大利亚的，但这款葡萄酒的特性又是混合的结果——试图通过多种葡萄酒的混合达到一种风格上的理想。

有几个因素会影响到一个葡萄园的质量是众所周知的。宏观气候是指葡萄园在世界上所处的位置，而在赤道两边有一些纬度范围，大部分葡萄园都在这些纬度之间——温暖到足以使葡萄成熟，但又不至于让葡萄失去所有的新鲜度。由于全球变暖，纬度范围可能会有一些变化，在这些范围内更温暖的地区中，许多较好的葡萄园都在高海拔地区，那里的夜晚比较凉爽，土在北方地区，场地的梯度可能对葡萄的成熟机会有决定性作用，德国摩泽尔和阿尔地区的葡萄园则尤其陡峭。梯度[15]对于确定一天中太阳照射到葡萄园的程度和时间非常重要。对某地葡萄酒质量来说，排水可能是最重要的自然因素之一，波尔多的砾石和勃艮第部分地区普遍的钙质石灰岩都具有保暖性能，并能在适当的时候提供适当的水。这个适当的水量——对于生产高质量的葡萄酒来说——似乎是"太少了"。[16]这抑制了葡萄树的植物生长趋势，也限制了果实的大小，使果实、果皮和子的比例最适合酿造优质葡萄酒。因此，是为了质量而非数量去利用葡萄树资源的。

所有这些都是自然因素，只有部分可能因人类的干预而得到加强，例如，法国的大多数"围墙"葡萄园都有一堵保护墙，可以保存热量并防止冷空气的流入。因此，人们应该认为，真正重要的是尽可能近地在真正的好地方进行再生产，保持低产量，进而收获美好的结果。但情况似乎并非如此。相邻的地点，共享相同的中间气候和其他方面，生产的葡萄酒往往味道相当不同，而极好的**风土**又少之又少。在我们继续论证人为因素重要性之前，有一项任务是要解释不能归因于人为因素的地方之间的差异。然而，即使是土壤也可以归因于人类的干预。在陡峭的山坡上，一些表层土会在大雨中顺着山坡向下移动，通常的做法是将其带回原处。更彻底的干预也会被施行，如从其他地方引入土壤。"19世纪初，拉图每年要撒一千车土，拉菲也是如此。"[17]所以我们看到，即使是在葡萄树所在的土壤这样一个看似是自然的层面上，人为因素也是一种不可忽视的力量。甚至连排水系统都没有。然而，排水系统更不用说，都在下层土壤中，而老的排水系统——有些可以追溯到17世纪，当波尔多的一些最好的葡萄园被重新种植时，被发现在它们的下方。[18]

葡萄园的差异可以而且确实影响到了葡萄酒的味道，而差异无疑是由一系列因素造成的——比如上面提到的那些。其中一些因素可能是上下层土壤的成分，[19]但这对成品的口味特征有何影响并不易确定，产地及其异并不归因于气候或人为因素。而葡萄生长地方的泥土在某种程度上被反映在葡萄上，因此，葡萄酒的味道就是——以某种方式的——泥土的味道。许多葡萄酒产区的特点导致了这种因果关系的出现，夏布利就是一个例子。它是古老的钙质石灰岩的海床，充满了小型甲壳类动物的化石，而你相信吗：夏布利葡萄酒香味的一个特点是有落潮时大海的味道。在这种情况下，以及在其他许多情况下，将土壤与葡萄酒的感官特征联系起来的冲动是可以理解的。

然而，这种冲动需要被抵制。葡萄藤不会吸收土壤成分并将其沉积在葡萄中，它们通过酒精和苹果乳酸[20]发酵，在成品中作为葡萄园的名片被品尝。这是一个粗略的模式，而且在生理学上是不可能的。"葡萄酒中几乎所有的风味化合物都是由葡萄藤产生的，或者是由存在于未发酵物中的先前存在之物通过酵母发酵制造的，或来自诸如橡木桶的外在的来源"[21]。那么，为什么种植葡萄的地方会让葡萄酒具有自己的特点呢？对一个地区的优质葡萄酒的大部分描述，特别是那些来自历史悠久的和"经典"地区的葡萄酒，将它们的质量和特征与它们特定的产地联系起来是非常常见的。让我们举一个勃艮第的例子，它可能是世界上被标记最多的葡萄酒产区。在贾斯珀·莫里斯（Jasper Morris）博大的《走进勃艮第》中，夜圣乔治（Nuits-Saint-Georges）的圣乔治和维克这两个相邻的地点是这样被描述的："（圣乔治）无疑是夜圣乔治一级园葡萄酒中最饱满和最丰富的。深棕色的黏土提供了重量，大量的小石子使其具有良好的排水性和些许矿物质。果肉很好地包裹住了重要的单宁。"[22] 同时，"（维克园）是浓郁的、深色的、绵长的夜圣乔治最受欢迎的产地……它就在圣乔治之上，与之有很多共同之处，但坡度明显更陡峭……虽然可能这里的葡萄酒没有那么多果汁口感，但它们反而有更突出的矿物质特征"[23]。泥土走势、中间气候和上下层土壤的保水性能可以解释所有的差异——或所有的自然差异吗？

也许不是。在他们对风土的出色描述中，古德和哈是如何影响葡萄酒的观点，但排水显然是重要的，而地面上的矿物质也是如此。在这一点上，我们认为，莫里斯代表了葡萄酒界中的许多重要人物。而地理上的差异也被科学地再现出来：马丁和沃特林发现，可以利用化学"指纹"进行再现，而"影响化学指纹的主要因素是葡萄园的位置"。[25]

然而，对葡萄酒的感官特征有影响的因素是众多的。有些人发现生产商和年份是影响感官特征的主要因素，[26]而德国的盖森海姆研究所（Forschungsanstalt Geisenheim，缩写FAG）的一个项目则指向了土壤。在他们的"黑森风土"[27]项目中，他们根据黑森州环境和地质调查所提供的数据选择了六个不同的地点，说明了土壤的类型——如"沙质黄土"或"第三纪黏土"。这些酿造雷司令的葡萄藤树龄相近（15～25年），而且为了研究的需要，收获和葡萄酒酿造都是标准化的。土壤和其他物理特性在他们的实验室中进行分析，而葡萄酒的感官特性则由FAG的工作人员进行分析。在矿物质方面，值得注意的是，除了钙之外，土壤中的营养成分与葡萄酒的成分之间没有关联。来自下层土壤钙含量高的葡萄园的葡萄酒，其钾含量很低，而且它们都具有"缓冲良好的酸"[28]的感官特征，这使人们认为这些矿物质至少可以从土壤中通过葡萄进入葡萄酒中，并在那里产生感官影响。在20世纪90年代初，波尔多大学的伊夫·格洛里教授也做了类似的研究，结论是，土壤类型与在这些土壤上酿造的葡萄酒的风格有非常明显的对应关系，而且酒的质量因素与土壤的排水性有很大关系。[29]

这很可能是事实，但它并没有穷尽葡萄园对葡萄酒口味的贡献的可能性。鉴于在葡萄酒中发现的800种左右的挥发性风味化合物中约有一半是由酵母菌产生的，[30]发酵过程中存在的酵母种类是解释葡萄酒口味多样性的一个主要因素。

对葡萄酒商来说，现在的一个选择是，是采用接种式发酵，还是通过所谓的"自发发酵"顺其自然。后者在细菌性腐坏和延迟方面有更大的风险，但被认为是更纯正的，以及在微生物活动方面更有多样性。[31]自发发酵中的大多数酵母菌株，大约12种或3种，在发酵的早期阶段作出贡献。当发酵产生精浓量达到4%～6%时，实际上只剩下一种酵母菌株（几乎都是和其产生的热量会杀死其他酵母菌）：酿酒酵母菌（Saccharomyces cerevisiae）。葡萄酒商的选择也会造成很大的不同，因为低温发酵有利于野生酵母菌株，而在压榨葡萄时加入硫黄，不仅可以杀死不受欢迎的腐坏细菌，还可以杀死不太强健的野生酵母菌。

然而，酵母菌是非常强大的。有三到五个酵母的全球主要品系，但更多的是"马赛克菌株"，其株系不在此列。[32]虽然它被认为在自然界很罕见，但正是这种酵母完成了发酵过程。从葡萄皮中培养这种酵母的尝试失败了，[33]人们认为，在酒厂的某些地方，这种酵母会在葡萄酒酿造和发酵时段之间存活。这就表明，酵母以生产商特征的一部分对葡萄酒风味特征进行一定程度的贡献。不仅是酒窖的做法和对葡萄酒的管理对来自同一个生产商的葡萄酒的味道产生了影响——这种差异会在不同的特酿中被注意到，而且，如果生产商选择了自发的而非接种的发酵方式，那么酵母也有可能影响到葡萄酒的口感。当然，所有的条件是所存在的酵母与该地区其他酒厂的酵母不同，同样的酵母参与了所有特酿的发酵，此外，它们让葡萄酒在感官接受方面也确有差异。

这种情况并不支持自发发酵更体现风土的观点；相反，顺其自然方式的选择并非让葡萄酒体现葡萄园，而是让当时恰好存在于酒厂的酵母菌在酒厂里做它们要做的事：以葡萄汁为资源进行繁殖。

但我们无法明确地说所有这些参与自发发酵的单细胞真菌都来自酒厂。最近在新西兰的研究表明，新西兰本土的酵母菌菌株存在于户外环境中，而蜜蜂可能是将这些菌种从野外传播到酒厂的途径之一。[34]这项研究加强了酵母的风土特性——但前提是蜜蜂要找到正确的酿酒厂和正确的发酵物。在他们的这项研究中，还有一个结果并不支持酵母和*风土*的联系：被新西兰的酒商使用的来自勃艮第的夏尼的葡萄酒桶，携带着发酵物中的酿酒酵母菌菌株[35]。换句话说，情形变得更加复杂了，酵母菌或许可以通过自发发酵成为实现风土多样性的可能成分，但现在我们要说，这不会如此简单。由于酵母菌是易变的、喜怒无常的（完全是字面意思），而且在葡萄自身特定的发酵过程中，很稀少——如果有的话，所以选择自发发酵不等于选择让*风土*表达自己。相反，这是一个很可能增加纯正性和复杂性的选择，因为它给了各种当地酵母一个更好的机会，特别是在发酵的早期阶段，但本质上这是一个让偶然性在葡萄酒特性的形成中发挥重要作用的选择。因此，我们处于一个相当意想不到的位置，我们可能想建议酒商应该培养存在于不同葡萄园的酵母，然后将从这些葡萄园培养出来的菌株使用到这些葡萄园的不同特酿中。[36]如果酵母在葡萄酒的**风土**中起作用，而不是在葡萄酒厂中发挥作用，自然需要相当多的培养。葡萄酒商将不得不做出选择，是否要让偶然性主宰发酵过程，从而让其取决于蜜蜂的飞行、酿酒设备的全球流转或酒厂的清洁度，还是用从葡萄园培养的酵母接种到发酵过程中呢？

因此，如果特定的葡萄园是促使口味独特性的可能性的原因，那么，土壤是比酵母更有希望的候选者——至少在目前的辩论中是这样的，因为商业上出售的培养酵母是通用的，而不是特定的。我们从盖森海姆的研究中看到，土壤对葡萄酒的感官特征可以产生影响，但在"土壤调查"中，莉迪亚和克劳德·布吉尼尼翁还概述了土壤成分如何能够影响葡萄酒的口感，从而为在勃艮第被命名的葡萄园详细而烦琐的模式提供了理论依据。

他们是不折不扣的风土主义者，他们直言道，"阻碍葡萄酒制造商提高葡萄酒质量的是土壤而不是酿造"。[37]但是，鉴于葡萄藤只从地面吸收水分，这怎么可能是事实呢？而我们知道，除了葡萄味道之外，未发酵的葡萄汁没有其他任何味道——不管钙含量是高还是低。

当然，他们提到了排水、保温和其他因素的作用。葡萄树生长地的这些特性也可以在几英寸的范围内发生变化，并使在其他方面相似的邻近地点具有大不相同的特性，从而使葡萄树在生长周期的关键时刻获得适量的水和营养。勃艮第的夜圣乔治的南端，[38]圣马特葡萄园（Clos Saint Marc）坐落在阿格利（Les Argillières）中的一块飞地，它与阿格利有着相同的角度和坡度，但和阿格利相比，它的葡萄酒更有厚度和丰富度，以及"爆炸性的多汁性"。[39]酒商对这两个葡萄园的土壤进行了广泛的研究，发现圣马特位于底层岩石之上的土壤更多（多达3米，而非70～80厘米），这在干旱的年份可以只留更多的水……但这并不能解释感官差异的持久性，而葡萄藤树龄上的区别也不能解释这一点，[40]莫里森含蓄地表明，鲜为人知的土壤是关键所在。[41]

可能缺乏确定的科学证据，但不同地点之间的细微差别似乎不仅是水的可得性。对于葡萄酒的感官特征而言，需要有比"保温"和"排水"更具体的东西来解释它们的差异。毕竟，感官特征似乎不能被视作一个关于保温和供水的算法。是否有其他东西可以作为对此的一种解释？布尔吉尼翁人（Bourguignons）认为，芳香族分子是碳化的，不含锰、钡和锌等微量矿物成分（微量元素）。然而，这些所涉及的都是一样的，因为芳香族分子是由酶合成的，而酶是带有金属辅助因子的蛋白质。所有都是根据布尔吉尼翁人的说法。矿物质存在于葡萄汁中是一个有据可查的事实，钾、氮、磷、硫、镁、钙、硼、锰和铁在葡萄汁中的浓度为每升20至2000毫克。[42]它们的相对含量在不同的葡萄园之间有很大的不同——以至于在化学分析中可以对葡萄酒进行"指纹识别"，以确定它们来自哪个葡萄园。[43]这意味着，虽然土壤中的矿物成分无法在葡萄酒中品尝到——首先，其浓度太低，无法被检测到，但一个地方特有的土壤成分可能会对葡萄酒中芳香分子的种类和普遍性有很大影响。我们不知道这种关于土壤成分如何参与创造葡萄酒口味的说法是否足以解释相邻地点的葡萄酒之间可察觉的差异，甚至不知道它是否在科学上有意义，但其他人常说"葡萄酒的感官特征取决于土壤"。[44]

这是一个有争议的话题，[45]我们不是植物生理学专家，但这些材料可能与有关如何理解**风土**概念的讨论相关。无论涉及的原因是什么及它们的相对重要性如何，可以说，葡萄酒潜在地从自然因素中获得很大一部分的它们的感官特征；不仅通过地点因素的各种展现形式体现了地点的重要性，而且还有天气的影响。然而，这里的关键词是"潜在地"。人类干预的范围很大，而且还在不断扩大，但除了诸如我们的2030年思想实验这样的情况，人为的干预和选择不可能从一个劣质的地方酿出优质的葡萄酒，也不可能完全消除好坏年景对葡萄酒的影响。如果是这样的话，那么我们所知的葡萄酒世界将被颠覆。

然而，有许多对服和传统对本身作为一种自然概念的风土构成了挑战。在拥有悠久传统的世界中，那些符合上述描述的风土葡萄酒的模式。具有不同风格的来自相邻地区的葡萄酒例子都来自勃艮第产区。

然。在这里葡萄园的划分、排序和等级制度被全面地制定出来，并成为法律——我们将在下文看到，其中不乏来自压力集团和其他非自然力量的主要影响，但这与传统意义上的香槟的对比仍然鲜明且有启发意义。

香槟也在发生变化，但传统的香槟酿造方式受到了影响，因为该地区处于全球变暖前商业葡萄种植的最北端。大多数情况下，香槟是一种混合型葡萄酒，调配需要若干年——因为历史上每年让葡萄都成熟是很难的，葡萄有许多品种（包括红葡萄和白葡萄）并来自大香槟区的不同地点。许多伟大的"酒庄"如酩悦香槟、泰庭爵、宝禄爵等，一直试图在其标志性的无年份混合酒中重现"酒庄"的风格。[46]这些中通常大部分是可获取的最新的年份酒，[47]但也会使用其他年份的酒。这个简短的关于无年份香槟的指导思想的介绍，应该足以说明在解释香槟时，用在自然因素的基础上，对**风土**的一般性描述所存在的问题。鉴于香槟酒的重要性和无可争议的质量，让**风土**作为一个优质葡萄酒的真正的统一的理论将很难。这个反例，来自不能因其为外来者而忽视的、世界上优质葡萄酒生产的典型地区之一。如果人们过分以欧洲为中心，澳大利亚的奔富葛兰许会被认为是外来者。葛兰许有点像无年份香槟，因为它也来自一个大的区域——虽然比香槟地区大得多，并根据理想的风格进行混合。葛兰许和香槟无疑是优质的葡萄酒，[48]只有过于局限的"优质葡萄酒"的概念才会将它们排除在外。因此，这意味着，为了让**风土**成为一个统一的优质葡萄酒理论，就必须对其进行一定程度的修正，否则，整个项目将不得不被舍弃。

然而，**风土**的力量是如此之大，在香槟区，自20世纪90年代以来，一直在向单一地点的葡萄酒发展。只在最好的年份酿制的年份香槟，已经有了一套成熟的制法，从1979年开始，香槟区最令人尊敬的酒庄之一——库克（Krug），发布了单一园美尼尔（Clos du Mesnils），[49]从而明显违背了香槟的混合调制思想。自20世纪90年代以来，出现了越来越多的小型生产商，他

们从一个村子里单一的葡萄园中获取葡萄——所谓的
和 者香槟 。 者们已经开始喜欢这些发展，因
们的 更容易 作为一个统一的优质葡萄酒的理
风土概念—— 切地说：随着这个概念在其他地

区的表现。因为，说到底，为什么地域感不能在香槟区的葡萄酒中得到感官上的表达呢？就像夏布利或其他有明确划分的葡萄园的地区的葡萄酒一样。

香槟区的观点是，它确实如此。香槟的味道是香槟区的味道，而不是在其广阔的边界内的单一地块的味道。在如此北方的石灰质底土上酿造葡萄酒的策略在这款起泡液体的清新度和细腻度中得到展现。混合调配，是大多数香槟酒的灵魂，赋予了酒以复杂性和持久的特性，而从历史上看，这也是一种必要的品质。随着种植者香槟的兴起，以及老牌酒庄发布更多的单一地点葡萄酒，目前，至少有两种相互竞争的香槟葡萄酒概念。**风土**的概念并不意味着只有一个概念，一个自然的法令，决定了场地或更广泛地区的界限和感官特性。显而易见，它们都是基于人的判断。质量分类、地点识别和地点身份的形成是且必须是由人的判断决定的。这不仅意味着对既得利益者[50]的影响和所有其他的人类弱点而言，有足够的机会，而且它也清楚地表明，审美判断在**风土**中也有一定的作用。

确定哪些地方的味道品尝起来像什么，并使之看起来如同自然界的一部分需要时间。这就是在几个世纪前就对葡萄园进行了命名和修建了围墙的勃艮第，在划分、进一步细分和等级方面远远领先于其他大多数地区的原因。虽然将非欧洲葡萄种植区认定为"新世界"是有问题的，而且可能是傲慢的，但至少在"新"的字面意义上是给人启发的，因为它还没有建立起风土所需的传统和广泛的认可。来自欧洲以外的人对风土的喋喋不休可能会让人烦躁，一位加州的葡萄种植者说，风土只是一个"赚钱的主张，因为他们的土地可以被出售、转让和继承，其葡萄所生产的葡萄酒的全部价值可归于该土地本身"。[51]一方面是对土壤的相对重视，另一方面是对酿酒能力的重视，这可能是葡萄酒界的两方面之间的另一个根深蒂固的差异。

　　然而，我们看到，澳大利亚、加利福尼亚和其他非欧洲地区的许多葡萄种植者正在热切地调查他们地点的身份的过程中所涉及的时间尺度。美国的葡萄种植区（American Viticultural Areas，缩写AVAs）也许太大、太多样化，无法作为风土使用——毕竟香槟区虽然大，但有一种使其与众不同的生产方法和独特的葡萄酒风格。更有希望成为风土的是更精细的地区和葡萄酒风格的组合，如澳大利亚的猎人谷赛美蓉（Hunter Valley Semillon）。建立风土的一个重要方面是对感官特征的期待：蜜西尼的味道是这样的，或者葛兰许的味道是那样的。无论如何解释口味——用自然条件或人为因素，当人们似乎认为这些葡萄酒不可能以其他方式被解释的时候，我们才有了风土。有一些经常性的变量，如年份因素，然后是口味特征中的稳定因素，这就是风土——不管是什么促发了这种稳定性，是自然条件还是香槟庄园调酒师的或奔富的调酒师的技能。

我们认为，在第二章和其他地方，我们已经表明，在葡萄生长和成熟的年份，回到与场地或土地的联系，是我们所知的葡萄酒吸引力的一个重要部分。葡萄酒不仅是一种表现形式，它还是一种与产地和葡萄生长年份的联系。将风土概念使用在来自如此广泛产区的葡萄酒上，如香槟区和澳大利亚——尤其是后者，似乎有点过头了。然而，这并不是我们迄今为止调查的唯一结果。我们已经发现，在评估葡萄酒的过程中，存在根本性的人为因素。对葡萄酒的正确关注需要了解它们的类型和种类。酿制葡萄酒的传统和积累的专业知识是葡萄酒可以通过其感官特征被回溯的因素，也是其吸引力的一部分。大公司的无年份香槟和葛兰许——这是我们迄今为止使用的与场地联系不紧密的两个例子——有资格成为足够稳定的实体，以保证那些已经有知识和经验（文化和实践能力）的人能够欣赏这些葡萄酒。作为优质葡萄酒的统一理论的风土概念对它们可能不甚适合的原因是，人为对成品的感官特征的干预可能太多了——这与产地的吸引力相冲突。然而，如果风土是作为一个统一的高品质葡萄酒理论（目前理解下的高品质葡萄酒），而不仅是作为一种区分性的高品质葡萄酒理论来排除一做出说明。很明显，即使是世界上最密集的葡萄酒产区勃艮第，也是人为判断和政治干预的产物。沃利科（Wolikow）和雅克（Jacquet）对勃艮第的分类形成的调查得出的结论是，"风土从来都不是一个'自然'的概念，总是一种历史上由国家和专业机构的干预等因素决定的社会建构"。[52]他们表明，压力集团在制定法律方面非常活跃——法律和部门都不总是无可指责的，但勃艮第的葡萄园和质量区分是如此成功，以至于它们被推举列为联合国教科文组织的世界文化遗产。"风土是精确定义的地块，受益于特定的地质和气候条件，与人力工作相结合，创造了独特的世界著名葡萄酒的独特图景。"[53]这显然是事实，但这并非故事的全部。当他们说"（风土）也是规范不可避免的建构的结果"时，沃利科和雅克更接近于我们想要在讨论中加入的观点。[54]

一种葡萄酒比另一种好，显然是一种口味的判断而非科学调查的事项。为了使这一判断得到广泛认可，在研究不同年份的葡萄酒与其不同成熟阶段的样本时，必须产生一定程度的共识。这显然适用于质量水平，但也许也适用于风土的味道特征。勃艮第特级园中的蜜西尼所提供的精美和有力度的葡萄酒，是"天鹅绒手套中的铁拳"[55]在酒精中的展现，这一点不仅为那些饮用这些葡萄酒的少数幸运儿所熟知，而且也为拥有部分葡萄园的10家生产商所熟知。风土，不管是局部地作为一个地点，或是更广泛地作为一个村庄，或者甚至像香槟区这样的整个地区，成为一种传统，对其感官特征有自己的规范，并具有艺术典范的特征。在这里，我们的意思是，它是一个能够被感知到的公认的规范，甚至是——或者也许尤其是——当它被破坏时。而它无法被破坏，除非是有意识地和故意地。当然，在一个糟糕的年份，或被淹没在一个特别好的年份的特征中时，这种感官特征可能不那么明显。[56]但是，要走上一条不同的道路，就像安塞尔姆·塞洛斯（Anselme Selosse）对香槟所做的那样——他采用了明显的勃艮第式的酿酒方法，赋予他的葡萄酒以不同于"普通"香槟的特点，需要对该地运还为时过早。有些人可能认为，许多——但不是所有——"新世界"葡萄酒产区的较高温度是对其形成风土的阻碍，但更重要的阻碍是，达成共识和认可所需的时间尺度。貌似"天然"的传统和味道特征，如典型的默尔索的味道，是反馈圈运作的结果，其中包括了自然因素（如土壤、朝向、气候）和人力，后者阐释并试图加强被认为是理想的和典型的葡萄酒特征。当然，一旦确定，风土作为对感官特征的期待也可能发生变化。新技术，即使是那些旨在尽可能减少干扰的变化，也使新的方向成为可能。勃艮第的夜圣乔治地区一直以生产深色、厚实的葡萄酒而闻名，这可能由于该地区富含黏土的土壤的作用，但显然事情正在发生改变，酒商在压榨葡萄时变得更加轻柔，并确保在其成熟期有更好的叶片覆盖，以生产口感精致的葡萄酒。[57]后者更接近于对勃艮第葡萄酒的普遍看法，但这个过程，如果在夜圣乔治的大多数主要葡萄酒制造商中得到推广，并不会改变夜圣乔治的土壤或气候——只改变葡萄酒的特性。那么，之前的还是未来的感官特征才是更真实的呢？哪一个才是纯正的，哪一个才是对夜圣乔治风土的真正表达？

正如我们在第二章和其他地方所展示的，葡萄酒有一个珍贵的品质，即它们是本真的（authentic）。[58]但本真性（authenticity）——除了作为一种明显的浪漫主义的艺术理想之外——到底是什么呢？每种以正常方式用葡萄酿造的葡萄酒是本真的，因为它来自特定年份里的某一处。本真性是一种根深蒂固的文化价值，与一种希望与伟大或古老事物的起源产生联系的愿景有关。内战（英国或美国）的文物被称为"真品"就是这个原因，同样，长期被埋藏的箭镞或硬币也是如此；一条新的牛仔裤在广告中可能被称为延伸意义上的本真的，因为现在生产的面料的类型或图案和以前一样。在古德和哈罗普对本真性和风土的讨论中，他们主要关注葡萄酒的制造，可以说是尽可能少地干预葡萄酒自身发展的方向。这就是天然葡萄酒运动所珍视的本真性。它表现为不干预葡萄园和酒厂，并认为较少的干预给了天然力量在葡萄酒感官特征中表达自己的空间。对于葡萄酒行业而言，降低价格的动力和口味的全球化已经在最近有着明显的影响力，而对纯正和不干预的追求是一种值得称赞的反作用力。但正如古德和哈罗普所说的，本真性——就像自然性一样——是一个不断变化的范式，甚至葡萄酒酿造的缺陷也会变得如此根深蒂固，以至于成为风土的一部分。[59]从这种意义上来说，本真性是好的，但风土主要是通过成为与沃尔顿的"艺术类别"非常相似的一套规范与标准来作为一个统一的优质葡萄酒理论。[60]葡萄酒中的种类或类型引导着我们的注意力，给我们提供赋予品尝之物意义的规范。

让我们进一步探讨风土和本真性之间的关系。也许，就像风土条件本身一样，我们需要扩展"本真性"的概念。风土是为感官特征提供解释，例如后者是前者的独特和本真的见证。在本真性中，风土在葡萄酒中或描述性地或审美性地展现。现在，风土可以或多或少地被用来指涉某块土地的土壤和中间气候——也就是说，在人类行为之前就已经存在的"自然"之物。然而，正如我们在上文看到的，这种自然性本身可能是先前人类干预的结果（例如，经济和政治决定、进口土壤或建墙来改变中间气候）。此外，我们有充分的理由怀疑某些葡萄栽培方法，例如照顾葡萄树的方式、采摘和压榨葡萄的方式、保留或引进的酵母等，都对感官特征的重要恒定性有很大的作用。因此，葡萄种植者的专业知识和良好的判断力是一个重要因素，而这种专业知识是通过传统和经验产生的。葡萄酒是什么的真实见证？可以肯定的是，不仅见证了景观的自然特征（无论是几英亩，还是几千英亩），或许见证的是这些与历史悠久的专业知识、程序、技术和最终的酿酒传统的结合。一些纯粹描述性的感官特征可以通过多种方式实现，也就是通过不同的葡萄栽培策略产生相似的结果。因此，风土既不完全是"自然的"或"人工的"。然而，一旦我们确定了这个结果，原则上就没有理由不谈论奔富葛兰许的风土，因为它几乎完全指涉既定的技术专长，就是选择和使用各种来源的葡萄以创造独特的和高度成功的风格。一旦这个概念被延伸到这么远，可以说似乎已经失去了任何真正的价值。它基本上只是意味着一致的风格或类型，而本真性只是意味着"一贯做得很好"。我们是否把这个概念扩展得太远了？

在上述意义上，风格没有错，但也没有任何单一风格的内在价值——尽管通过风土概念捕捉到的葡萄酒风格或感官特征的总和可以被认为是保留了多样性的美学价值。然而，在定义感官特征时，我们并不只是把风格说成是描述性和审美性的一个恒定的意指对象，而是本身已经具有了价值。也就是说，可以肯定的是，它是一种风格，但它与审美项目的特定对象有明确的关系。作为类比，考虑一下三幅可能被认为是伦勃朗的肖像画：A、B和C。前两幅具有与伦勃朗相关的品质，包括极具表现力的笔触、姿势和表情，以及明晰的但也是奇特平整的高光。第三幅，C，不是画家的典型风格——它可能是一幅伟大的画，但它的伟大是通过一系列完全不同的特征产生的，它也可能是由不同的画家创作的。让我们假设A和C实际上是伦勃朗画的，而B是赝品。在这种情况下，A和C在某种意义上显然是伦勃朗的"真迹"。然而，在这种意义上称C为"真迹"是一种空洞的姿态，因为在这幅画中，几乎没有任何可以感知的东西让我们将其与我们所熟知和喜爱的伦勃朗联系起来。所以，让我们把这个概念缩小到只有A。这后一种意义上的本真性是我们所感兴趣的：一瓶酒是与它的产地有联系，或成为其见证，这已成为对该产地的葡萄酒进行感官判断的一个不可或缺的组成部分。短语"已成为"

是非常重要的。它表明，只有经过相当长的时间，许多年份，以及许多重复的品尝和相关的讨论后，一系列描述性或审美性的特征才会在有关该酒的话语中获得权威地位，并在该酒的审美评价中获得权威角色。当然，这对于可能有特色但在审美上并不成功（因为糟糕的年份或其他原因）的葡萄酒而言，并不是一个充分的条件。在2003年这一非常温暖的年份中，许多来自欧洲北部地区的葡萄酒被唾弃了，因为它们是非典型的，但对于"越温暖"[61]的年份葡萄酒应该有的感官特征而言，它们是更本真和更典型的。这方面的本真性并没有被葡萄酒世界所重视。

同样，也有一些"次要的"伦勃朗的作品，以及大量在技术上有成就但在审美上无趣的赝品。具有本真性，即已经与特定的伟大的起源联系在一起，也不是任何葡萄酒成功的必要条件，就像C画可以通过另一种风格成为一幅伟大的画一样。然而，如果说伦勃朗的风格不是其作品美学成功的一个重要组成部分，那是荒唐的。此外，这种风格已经成为如此的关键，以至于对绘画史产生了影响（也就是说，它已经对评判其他画家的方式产生了影响），作为一种基准或可能的绘画策略进入了该历史。简而言之，这种本真的风格是典范的。在这种美学意义上，如果以下三个条件都具备，那么某件东西就是本真的：第一，该物体表现出一种感官上的特性；第二，这种特性似乎自始至终都见证着它的起源；第三，这两方面都与该事物的审美成功有关。

如果风土的概念被认为是自然因素在葡萄酒中的"表达"，这就需要假设人力因素本身是"中性"的，只是对自然因素有辅助。但是，正如我们所看到的，决定哪种人力因素可以有意义地被说成是中性的远非易事；相反，我们认为，当人力因素，随着时间的推移，获得了我们通常与自然现象联系在一起的那种持续和独特的身份时，风土就产生了。风土可能更多的是关于时间，而非空间。几十年或几百年前，对于勃艮第的某项财产，有很多东西可以说，比如说，这些东西可能被认为与美学评价有关。然而，这些东西很多都是在历史的"洗礼"中出现的。也就是，审美群体的维持和发展有助于将那些影响审美判断的事物的麦子与那些不影响审美判断的糠秕分开。有些因素被忽略了（也许是因为它们对于勃艮第而言不是独有的或典型的），其他的因素则由于葡萄种植业的改变，其根据是上文讨论的反馈圈的循环往复，被消除了。同样地，在上文，我们讨论了当一种新的技术或风格进入市场时经常出现的夸张说辞——"下一个爆款"！只有时间才能证明这一新特点是否会成为公认的酿酒策略顺序的一部分。同样，当我们说现在判断新的葡萄酒生产地区是否会成为风土"为时尚早"时，不能理解为它们已经是或不是风土，只是我们现在碰巧还不知道而已。相反，我们的意思是风土是通过一般的，而且在某些情况下必要的，缓慢的文化产生机制而产生的。

我们所重新定义的风土和本真性的概念克服了在葡萄酒鉴赏概念中发现的完全忽略了地点和传统的审美差异。同时，我们希望能避免落入"浪漫主义"的陷阱，它是由"天然葡萄酒"运动和更激进的、欧洲中心论的风土的捍卫者所代表的。通过提出葡萄酒界随着时间的推移而形成传统和历史的方式，我们回应了伽达默尔指出的理想化的评判主体和孤立客体。某种葡萄酒的特定语境的意义——这可能包括审美群体过去对它的评判方式，以及该酒所见证的酿酒传统、土壤或中间气候——所有这些都解释了我们在第二章中思考2030年的情境时感到的迷幻的恐惧。这种语境因素的集合，再加上作为我的审美群体的代表，我所拥有的能力的集合，也有助于解释在品酒体验中发现的情感特质：面对美酒时的特权感和责任感。

注释：

1 Gadamer（2004）。这一讨论主要在第一部分，第一章节，第二节（37–101）。

2 Gadamer（2004）：299–306.

3 Gadamer（2004）：273.

4 Gadamer（2004）：304–6.

5 《化学感觉》（*Chemical Senses*）杂志专门出版了一期关于嗅觉的专刊。2006年《化学感觉》第31（2）期的名称是《嗅到了什么？气味采样对嗅觉的贡献》。

6 这些论点可以从我们的引言至第三章中找到。

7 橡木不仅对储存在橡木桶中的葡萄酒的感官效果有影响，而且由于橡木桶的费用，它也可以被认为是葡萄酒的替代品。而且由于橡木桶的费用，它也可以被视为质量的一个标志。随着橡木片的使用，被放在包中然后浸入酒中，几乎就像茶包放入热水中一样，只是为了增加橡木的香味，这种或多或少的有意识的关联可能要结束了。

8 可以肯定的是，这些"世界"内部的差异远远大于这些被视为两种平均风格的世界之间的差异。我们的观点是，关于与食物的关系的差异在这里特别重要，因为它涉及实践中的差异及其他项目与美学互动的差异。

9 Todd（2010）：119–122.

10 Goode and Harrop（2011）：19.

11 虽然"天鹅绒手套中的铁拳"是一种陈词滥调，但形容蜜西尼很恰当。

12 《美酒世界》"本身"的品尝正是这样一个项目。专家们品尝来自一个地区或村庄的一系列葡萄酒，目的是通过葡萄酒确定其特点与*风土*。

13 对于生产商来说，可能会有一个完全不同的*风土*项目，这就是授予葡萄酒，或允许葡萄酒展示这种透明度。

14 许多作者用"微观气候"来表示特定地点的大气条件，但Robinson（2006）认为，"微观气候"应用于单个葡萄树的气候条件，而"中间气候"对于地点或葡萄园而言才是正确的。

15 坡面的朝向，出于显而易见的原因，在更冷的气候中往往更为重要。在凉爽的气候条件下更为重要。与这里提到的其他因素不同，梯度也可以包括在更一般的*风土*定义中。

16 "［杰勒德·赛甘（Gérard Seguin）］证明了葡萄的质量潜力与定期但适度的供水有关。"Van Leeuwen（2009）：9。

17 Pitte（2008）：76，参照Pijassou（1980）。

18 Pitte（2008）：74，参照Pijassou（1980）：599–600。

19 Wilson（1998）是一位地质学家，对法国*风土*的地质基础有特别深刻的认识。

20 苹果乳酸发酵，将苹果酸（较硬）转化为乳酸（较软），并释放出二氧化碳，有时，对某些葡萄酒来说，这是不可能发生的。

21 Goode and Harrop（2011）：33.

22 Morris（2010）：250.

23 Morris（2010）：251.

24 Goode and Harrop（2011）：32–36.

25 Martin and Watling（2009）：39.

26 Fischer，Roth and Christmann（1999）.

27 Löhnertz，Böhm and Muskat（2008）.

28 Löhnertz et al.（2008）.

29 Kees van Leeuwen转引自Lawther（2010）：20–22。

30 Goode and Harrop（2011）：169。然而，他们对这一数字是基于准确的测量还是基于专业性的猜测没有定论。此外，还不太清楚酵母菌制造的香味化合物是否更容易或更不易超过感知阈值。

31 Goddard（2010）.

32 Goddard et al.（2010）：63.

33 古德和哈罗普（2011）：172。

34 Goddard et al.（2010）：67.

35 Goddard et al.（2010）：68–69.

36 正如Goode and Harrop（2011）：180所建议的。

37 Bourguignon and Bourguignon（2009）：15. 这篇文章摘录自叙述更全面的Bourguignon and Bourguignon（2008）。

38 毗邻普雷莫·普里西（Premeaux-Prissey）的村子或小

村庄。

39 Morris（2010）：243. 作为勃艮第一级酒庄葡萄酒，它们当然都是由黑皮诺酿造的。

40 Norman and Taylor（2010）：117.

41 Morris（2010）：246.

42 Robinson（2006）：443.

43 Greenough，Longerich and Jackson（1997），转引自Robinson（2006）.

44 Costantini，Bucelli and Priori（2011）：1.

45 例如，Robinson（2006）关于《土壤和葡萄酒质量》（*Soil and wine quality*）的文章声称"土壤化学和葡萄树营养……（对葡萄酒质量）的作用尚不明显"。（p. 638）

46 具有启发性的是，汤姆·史蒂文森（Tom Stevenson）的《香槟和起泡酒世界百科全书》（*World Encyclopedia of Champagne and Sparkling Wines*）在列出的所有香槟酒庄中设置了一个类别叫作"酒庄风格和范围"。Stevenson（1998）。

47 发酵后，来自多达200个公社和源自不同葡萄品种的葡萄酒被混合，在瓶中进行的二次发酵包括了10%~50%的储备酒（来自早期的年份），以及葡萄酒、糖和酵母的混合物。正是这种发酵使葡萄酒有了气泡。

48 在2011年末，奔富葛兰许Bin 95 2000在www.wine-searcher.com上的售价超过300美元/瓶，当然也被认为是一款优质葡萄酒。

49 但是，菲利普波奈（Phillipponat）的歌雪园（Clos des Goisses）更早就是一个成熟的单一葡萄园香槟了。皮埃尔·菲利普波奈（Pierre Philipponnat）在1935年买下了歌雪园，并在不久之后将其作为一个单独的特酿推出。

50 沃利科和雅克对勃艮第的情况进行了充分的调查和记录（2009）。

51 Sean Thackrey，引自Goode and Harrop（2011）：30。

52 Wolikow and Jacquet（2009）：26.

53 http://region-bourgogne.fr/Les-climats-du-vignoble-de-Bourgognecandidats-au-patrimoine-mondial-de-l-Unesco,42,5820，intl:en（于2012年2月17日访问）.

54 Wolikow and Jacquet（2009）：27.

55 Johnson and Robinson（2007）：66；Morris（2010）：181：Norman and Taylor（2010）：53；以及Robinson（2006）:150。

56 勃艮第，想起2005年可作为后者的例证。然而，对于一个有望保存数十年的葡萄酒而言，这样说还为时过早。

57 帕特里斯·里昂（Patrice Rion）的谈话，2011年10月14日。

58 古德和哈罗普的书，名为《真实的葡萄酒》（*Authentic Wine*）（2011），清楚地表明了这一点。

59 Goode and Harrop（2011）：4.

60 Walton（2007）.

61 在较高度数中尤其明显，会在口中产生"热"的感觉，而较低的酸度使一些葡萄酒更"软绵"。

索　引